开源鸿蒙（OpenHarmony）嵌入式开发实践

程晨　编著

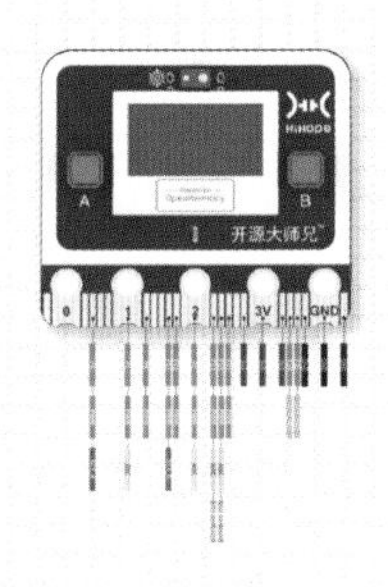

化学工业出版社

·北京·

内容简介

OpenHarmony（中文名为开源鸿蒙）是由全球开发者共建的开源分布式操作系统。该操作系统将人、设备、场景有机地联系在一起，实现了全场景多种智能终端的极速发现、极速连接、硬件互助、资源共享。本书的主要内容是OpenHarmony南向开发，即轻量系统的嵌入式硬件开发，书中的内容基于一个集成度较高的项目平台——开源大师兄，利用该项目平台中的硬件开发板，通过图形化编程以及Python代码编程的形式学习OpenHarmony轻量系统嵌入式开发相关的内容。相比专业性更强的嵌入式开发内容，本书主要面向青少年以及硬件开发爱好者，在介绍OpenHarmony操作系统和开源大师兄项目的基础上，通过具体的应用实践让读者快速了解开源鸿蒙开发。

图书在版编目（CIP）数据

开源鸿蒙（OpenHarmony）嵌入式开发实践 / 程晨编著．—北京：化学工业出版社，2023.9
ISBN 978-7-122-43678-8

Ⅰ．①开…　Ⅱ．①程…　Ⅲ．①移动终端 - 应用程序 - 程序设计　Ⅳ．① TN929.53

中国国家版本馆CIP数据核字（2023）第111410号

责任编辑：曾　越
责任校对：李雨晴
装帧设计：王晓宇

出版发行：化学工业出版社
（北京市东城区青年湖南街13号　邮政编码100011）
印　　装：天津图文方嘉印刷有限公司
710mm×1000mm　1/16　印张10　　字数183千字
2023年11月北京第1版第1次印刷

购书咨询：010-64518888　　售后服务：010-64518899
网　　址：http: //www.cip.com.cn
凡购买本书，如有缺损质量问题，本社销售中心负责调换。

定　　价：69.80元　

OpenHarmony

前言 PREFACE

OpenHarmony（开源鸿蒙）是由全球开发者共建的开源分布式操作系统。该操作系统具备面向全场景、分布式等特点，是一款“全（全领域）· 新（新一代）· 开（开源）· 放（开放）”的操作系统，其创造了一个虚拟终端互联的世界，将人、设备、场景有机地联系在一起，实现了全场景多种智能终端的极速发现、极速连接、硬件互助、资源共享。

本书是一本面向中小学教育以及硬件开发初学者、爱好者的OpenHarmony南向开发的图书，书中的内容以实际开发实践为主，并没有深入OpenHarmony操作系统的底层。本书的主要内容是OpenHarmony南向开发，即轻量系统的嵌入式硬件开发，书中的内容是基于一个集成度较高的项目平台——开源大师兄。该项目平台包括开发板的原理图、PCB、软件、编程框架、测试代码、固件、图像编程组件等。利用该项目平台中的硬件开发板，通过图形化编程以及Python代码编程的形式可以学习OpenHarmony轻量系统嵌入式开发相关的内容。2022年7月，开源大师兄项目捐赠到开放原子开源基金会，成为基金会的第一个开源硬件项目，通过该平台能让更多人快速了解开源鸿蒙开发。

本书共8章，主要内容如下。

第1章简单介绍了OpenHarmony操作系统的基本情况。

第2章主要介绍了开源大师兄项目的基本情况。

第3章到第6章介绍控制板上板载资源的具体应用实践，包括OLED液晶、蜂鸣器、按键、语音识别、扩展引脚。

第7章引入了一个扩展板，围绕控制板本身以及扩展板介绍了电机和舵机的控制方式，这一章为OpenHarmony轻量系统嵌入式中的机械控制提供技术上的支撑。

第8章介绍网络应用方向的内容，为OpenHarmony轻量系统嵌入式中的网络交互、全场景多种智能终端的通信提供技术上的支撑。

本书侧重面向对OpenHarmony南向开发应用感兴趣但没有太多经验的初学者，因此书中内容浅显易懂、实操性强，通过本书更能够激发初学者对于OpenHarmony南向开发应用的兴趣。

感谢现在正捧着这本书的您，感谢您肯花费时间和精力阅读本书。由于时间有限，书中难免存在疏漏，诚恳地希望您批评指正，您的意见和建议将是我巨大的财富。

程　晨

OpenHarmony

目录

CONTENTS

第 1 章 **OpenHarmony 操作系统** 001

1.1 OpenHarmony 操作系统的定位 002

1.1.1 万物物联 002

1.1.2 适配多种终端形态 002

1.2 技术特征 003

1.2.1 可裁剪 003

1.2.2 分布式软总线 003

1.2.3 分布式设备虚拟化 004

1.2.4 分布式数据管理 004

1.2.5 弹性部署 006

1.3 技术框架 006

1.3.1 内核层 006

1.3.2 系统服务层 007

1.3.3 框架层 008

1.3.4 应用层 008

第 2 章 **开源大师兄** 009

2.1 开源大师兄项目 010

2.1.1 项目介绍 010

2.1.2 硬件开发板 010
2.1.3 开发板固件框架 012

2.2 安装开发环境 013

2.2.1 下载 PZStudio 013
2.2.2 安装 PZStudio 013

2.3 使用 PZStudio 014

2.3.1 PZStudio 软件界面 014
2.3.2 选择角色“大师兄” 015
2.3.3 连接开发板并烧录固件 018

第 3 章 **显示屏显示** 021

3.1 OLED 显示屏 022

3.1.1 device 库与 OLED 显示屏 022
3.1.2 查看文本代码 026
3.1.3 OLED 类 026

3.2 示例：冒泡泡 031

3.2.1 功能描述 031
3.2.2 功能实现 032
3.2.3 文本代码分析 034

3.3 示例：制作水平仪 035

3.3.1 显示加速度计的数值 035
3.3.2 IMU 类 037
3.3.3 示例：制作水平仪 038
3.3.4 文本代码分析 039

3.4 示例：制作计时器 040

3.4.1 功能描述 040

3.4.2 功能实现 041
3.4.3 文本代码分析 043

3.5 显示自定义图片 046

3.5.1 处理图片 046
3.5.2 显示图片 048
3.5.3 显示动画 048

第4章 **蜂鸣器发声** 051

4.1 声音与音阶 052

4.1.1 什么是声音 052
4.1.2 蜂鸣器发声 052

4.2 播放音乐 054

4.2.1 音阶 054
4.2.2 宫、商、角、徵、羽 055
4.2.3 音符格式 056
4.2.4 播放音符列表 057

4.3 示例：制作音乐盒 060

4.3.1 功能描述 060
4.3.2 MusicEncode 060
4.3.3 制作音乐盒 064
4.3.4 文本代码分析 065

第5章 **板载按键及语音识别** 069

5.1 音乐二选一 070

5.1.1 获取按键的状态 070
5.1.2 BUTTON 类 072

5.1.3 选择音乐 073
5.1.4 文本代码分析 075

5.2 函数 077

5.2.1 自制积木 077
5.2.2 自定义函数 082

5.3 示例：对准靶心 083

5.3.1 功能描述 083
5.3.2 功能整体框架 084
5.3.3 各个函数的实现 085
5.3.4 文本代码分析 087

5.4 语音识别芯片——云知声 089

5.4.1 云知声 090
5.4.2 获取云知声数据 090
5.4.3 US516P6 类 093

第 6 章 **引脚控制** 095

6.1 引脚说明 096

6.1.1 大师兄板的金手指引脚定义 096
6.1.2 悟空扩展板 097

6.2 引脚基本操作 098

6.2.1 数字量的输入 098
6.2.2 Pin 类 099
6.2.3 数字量的输出 103
6.2.4 PWM 输出 104

6.3 移动的图标 106

6.3.1 模拟量 106
6.3.2 模拟量输入 107

6.3.3 移动图片显示位置 108

第 7 章 电机与舵机控制 109

7.1 直流电机 110

7.1.1 直流电机的工作原理 110
7.1.2 直流电机的控制 112
7.1.3 电机驱动芯片 113

7.2 舵机 115

7.2.1 舵机的工作原理 115
7.2.2 舵机的控制方式 116
7.2.3 舵机的选择 117
7.2.4 舵机的控制 117
7.2.5 示例：通过旋钮调整舵机角度 121

7.3 悟空扩展板上扩展的电机和舵机接口 123

7.3.1 I2C 接口 123
7.3.2 I2C 接口的应用 124
7.3.3 扩展电机接口 126
7.3.4 扩展舵机接口 127

第 8 章 网络应用 129

8.1 WiFi 介绍 130

8.1.1 无线通信 130
8.1.2 无线网络 130
8.1.3 WiFi 131

8.2 连接网络 131

8.2.1 连接 WiFi 131

8.2.2 network 对象 133

8.3 网络通信 134

8.3.1 TCP/IP 协议 134

8.3.2 套接字 135

8.3.3 网络通信流程 135

8.4 以网页形式反馈 139

8.4.1 网站网页 139

8.4.2 HTML 140

8.4.3 网页制作 141

8.4.4 在服务器上运行网页 145

8.4.5 网页中显示温度 146

第1章 OpenHarmony操作系统

OpenHarmony

1.1 OpenHarmony操作系统的定位

1.1.1 万物物联

OpenHarmony操作系统是由开放原子开源基金会孵化及运营的开源项目，由开放原子开源基金会OpenHarmony项目群工作委员会负责运作。

OpenHarmony操作系统诞生在物联网技术高速发展的时代。通信技术的发展，尤其是5G技术的应用，重塑了人与人、人与物、物与物之间的连接形式，OpenHarmony操作系统的出现正是为了解决越来越多的智能硬件如何高效互联互通的问题。从严格意义上来说，这些智能硬件大到新能源汽车，小到耳机和手环，中间包括扫地机器人、微波炉、洗衣机、冰箱等。这些智能硬件的使用场景对操作系统提出了新的要求。

1.1.2 适配多种终端形态

为了适配各种类型的智能硬件终端，OpenHarmony操作系统拥有基于同一套系统能力、适配多种终端形态的分布式理念。

对消费者而言，OpenHarmony操作系统能够将生活场景中的各类终端进行能力整合，形成一个“超级虚拟终端”，可以实现不同的终端设备之间的资源共享，匹配合适的设备，提供流畅的全场景体验。

对于开发者而言，OpenHarmony操作系统采用了分布式技术以及组件化的设计方案，能够让开发者聚焦实际的业务逻辑，更加便捷、高效地实现需求。

华为在开发OpenHarmony操作系统之初就提出了1+8+*N*全场景应用的战略。这里“1”指的是手机，它是用户流量的核心入口。“8”指的是手机外围的8类设备，包括个人计算机（PC）、平板、耳机、眼镜、手表、汽车、音箱、高清大屏设备，这8类设备在人们日常生活中的使用率仅次于手机。“*N*”指的是最外层的所有能够搭载OpenHarmony操作系统的IoT（Internet of things，物联网）设备，这些设备涵盖了各种应用场景，包括运动健康、影音娱乐、智能家庭、移动办公、智慧出行等。针对运动健康这个场景，常见的设备有血压计、智能秤等；针对移动办公这个场景，常见的设备有打印机、投影仪等；针对智能家庭这个场景，常见的设备有扫地机、摄像头等。这就要求OpenHarmony操作系统必须是一个动态的、可裁剪的操作系统。

1.2 技术特征

基于操作系统的定位，OpenHarmony 操作系统在设计上具有以下特点。

1.2.1 可裁剪

操作系统可裁剪的概念实际上是由 Linux 引入的，这种特性是指可以按照具体应用的需求来选择相应的模块，调整操作系统的大小。

在 1+8+*N* 的全场景中，OpenHarmony 操作系统根据智能硬件终端的性能差异，大致分为了三个级别，对应的领域分别如下。

（1）轻量系统

支持的设备最小内存为 128 KB，提供多种轻量级网络协议，轻量级的图形框架，以及丰富的 IoT 总线读写模块。可支撑的产品如智能家居领域的连接类模组、传感器设备、穿戴类设备等。

（2）小型系统

支持的设备最小内存为 1 MB，提供更高的安全能力，标准的图形框架，视频编解码的多媒体能力。可支撑的产品如智能家居领域的 IP Camera、电子猫眼、路由器以及行车记录仪等。

（3）标准系统

支持的设备最小内存为 128 MB，提供增强的交互能力，3D GPU 以及硬件合成能力，更多控件以及显示效果更丰富的图形能力，完整的应用框架。可支撑的产品如智慧屏、汽车智能座舱等智能终端。

本书的主要内容以轻量系统为主，这也是目前对于 OpenHarmony 操作系统来说，资源最丰富、开源最完全的部分。

1.2.2 分布式软总线

分布式软总线能够让多个设备融合为一个设备，带来设备内和设备间高吞吐、低时延、高可靠的流畅连接体验。分布式软总线是多种终端设备的统一基座，为设备之间的互联互通提供了统一的分布式通信能力，能够快速发现并连接设备，高效地分发任务和传输数据。分布式软总线示意图如图1.1所示。

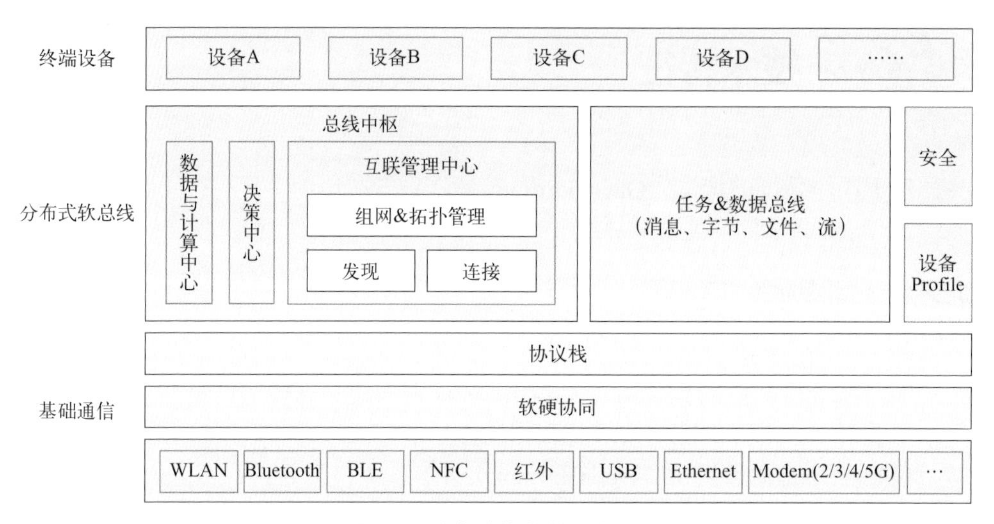

图1.1　分布式软总线示意图

传统的设备是由设备内部的硬总线连在一起的，硬总线是设备内部的部件之间进行通信的基础。而分布式软总线融合了近场和远场的通信技术，并充分发挥近场通信的技术优势。分布式软总线承担了任务总线、数据总线和总线中枢三大功能。其中，任务总线负责将应用程序在多个终端上快速分发；数据总线负责数据在设备间的高性能分发和同步；总线中枢起到协调控制的作用，用于自动发现并组网，以及维护设备间的拓扑关系。

1.2.3　分布式设备虚拟化

分布式设备虚拟化平台可以实现不同设备的资源融合、设备管理、数据处理，多种设备共同形成一个“超级虚拟终端”。针对不同类型的任务，为用户匹配并选择能力合适的执行硬件，让业务连续地在不同设备间流转，充分发挥不同设备的资源优势。分布式设备虚拟化示意图见图1.2。

1.2.4　分布式数据管理

分布式数据管理基于分布式软总线的能力，实现应用程序数据和用户数据的

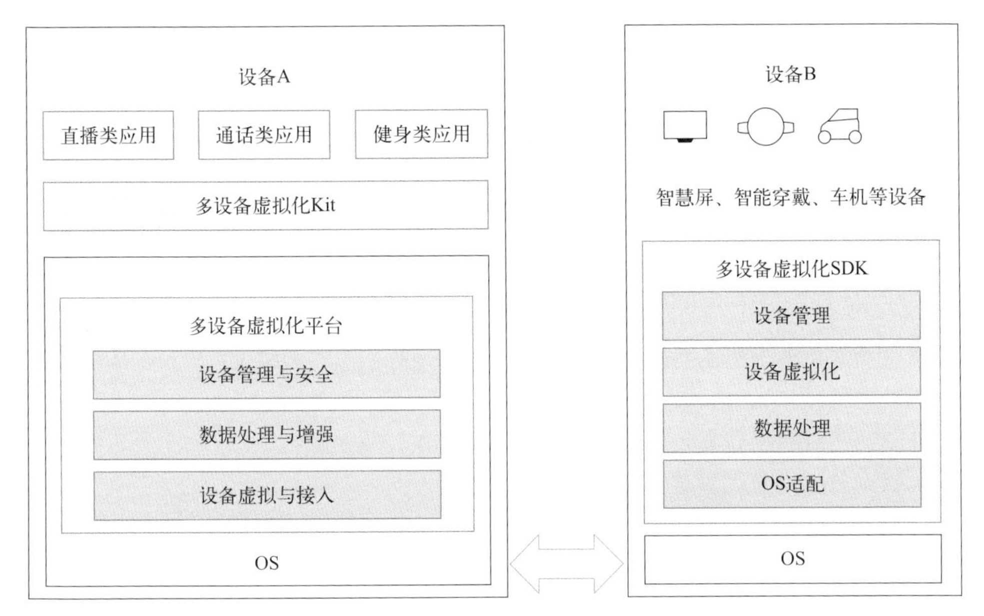

图1.2　分布式设备虚拟化示意图

分布式管理。用户数据不再与单一物理设备绑定，业务逻辑与数据存储分离，应用跨设备运行时数据无缝衔接，为打造一致的、流畅的用户体验创造了基础条件。分布式数据管理示意图如图 1.3 所示。

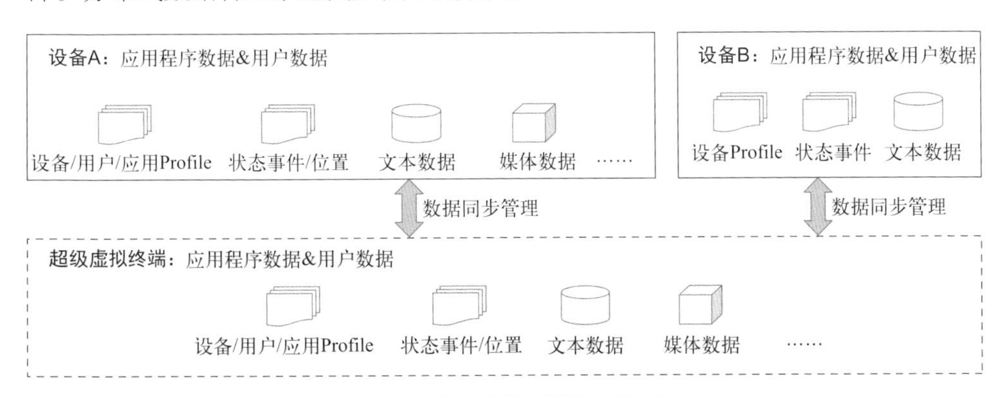

图1.3　分布式数据管理示意图

分布式数据管理让跨设备数据处理如同本地处理一样方便、快捷，在 OpenHarmony 操作系统的分布式数据管理能力下，在华为 5G 通信技术的支持下，硬件设备之间的界限将变得越来越模糊，一个设备可能会成为另外一个设备的子部件，或者多个设备成为一个整体设备，从而实现数据共享、算力共享、人工智能（AI）共享。

1.2.5 弹性部署

OpenHarmony操作系统通过组件化和小型化等设计方法，支持多种终端设备按需弹性部署，能够适配不同类别的硬件资源和功能需求。OpenHarmony操作系统支撑通过编译链关系去自动生成组件化的依赖关系，形成组件树依赖图，支撑产品系统的便捷开发，降低硬件设备的开发门槛。OpenHarmony操作系统的弹性部署主要体现在以下几个方面。

- 支持各组件的选择（组件可有可无）：根据硬件的形态和需求，可以选择所需的组件。
- 支持组件内功能集的配置（组件可大可小）：根据硬件的资源情况和功能需求，可以选择配置组件中的功能集。
- 支持组件间依赖的关联（平台可大可小）：根据编译链关系，可以自动生成组件化的依赖关系。例如，选择图形框架组件，将会自动选择依赖的图形引擎组件等。

1.3 技术框架

OpenHarmony操作系统整体遵从分层设计，从下向上依次为：内核层、系统服务层、框架层和应用层。系统功能按照“系统>子系统>功能/模块”逐级展开，在多设备部署场景下，支持根据实际需求裁剪某些非必要的子系统或功能/模块。OpenHarmony操作系统的技术架构如图1.4所示。

1.3.1 内核层

内核是操作系统中最核心的、最基础的部分，为操作系统的各种功能提供最基本的支持。OpenHarmony操作系统的内核层又可以分为内核子系统和驱动子系统。

（1）内核子系统

OpenHarmony操作系统采用多内核设计，支持针对不同资源受限设备选用适合的内核。多内核架构中首先就是包含Linux内核，选择Linux内核主要是因为其已经非常成熟，已得到了广泛的应用，其次是因为Linux内核的开源特性符合OpenHarmony操作系统的要求。第二个内核就是华为独有的LiteOS内核。另

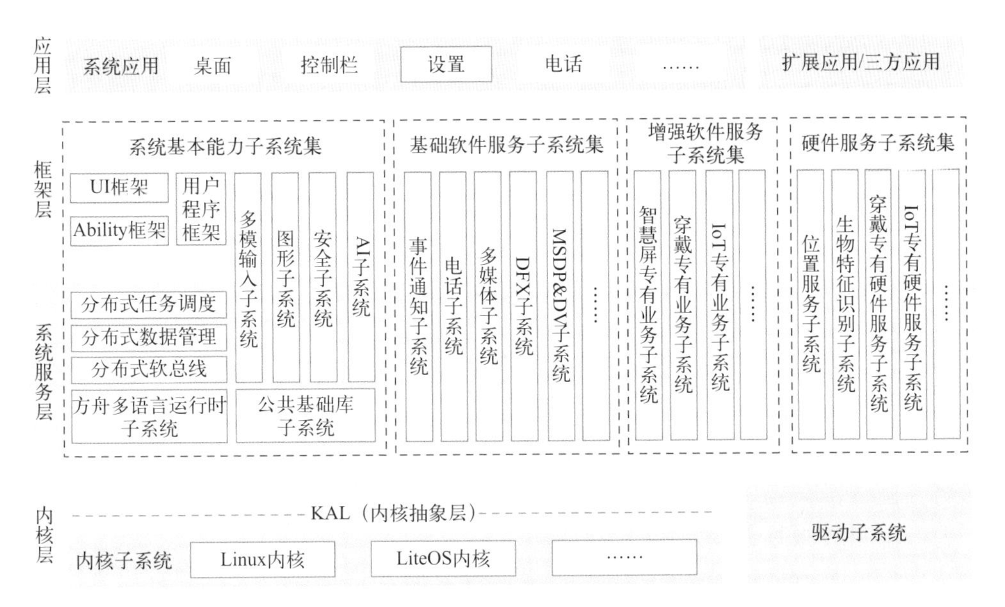

图1.4　OpenHarmony操作系统的技术架构

外，OpenHarmony操作系统还计划包含其他内核，不过目前的开源内容中还没有包含其他内核。多内核可以选择性使用，也可以同时存在。在多内核系统中，为了让不同的内核不会影响上层应用的开发，因此就需要通过中间的内核抽象层（KAL, kernel abstract layer）。KAL通过屏蔽多内核差异，对上层提供基础的内核能力和统一的接口，包括进程/线程管理、内存管理、文件系统、网络管理和外设管理等。

（2）驱动子系统

OpenHarmony操作系统驱动框架（HDF）是OpenHarmony操作系统硬件生态开放的基础，提供统一外设访问能力和驱动开发、管理框架。从兼容的角度来说，本来没有必要为OpenHarmony操作系统设计一套新的驱动框架，完全可以重用Linux或其他操作系统的架构，但考虑到为了规避GPL（GNU通用公共许可证）开源协议的一些问题，同时也为了打造新的硬件生态，因此为OpenHarmony操作系统开发了一套全新的驱动框架。

1.3.2　系统服务层

系统服务层是OpenHarmony操作系统的核心能力集合，它通过框架层对应用程序提供服务。该层包含以下几个部分。

（1）系统基本能力子系统集

为分布式应用在OpenHarmony操作系统多设备上的运行、调度、迁移等操作提供了基础能力，由分布式软总线、分布式数据管理、分布式任务调度、方舟多语言运行时系统、公共基础库、多模输入、图形、安全、AI等子系统组成。

（2）基础软件服务子系统集

为OpenHarmony操作系统提供公共的、通用的软件服务，由事件通知、电话、多媒体、DFX（Design for X，面向产品生命周期各环节的设计）、MSDP & DV（MSDP，mobile sensing development platform，移动感知平台；DV，device virtualization，设备虚拟化）等子系统组成。

（3）增强软件服务子系统集

为OpenHarmony操作系统提供针对不同设备的、差异化的能力增强型软件服务，由智慧屏专有业务、穿戴专有业务、IoT专有业务等子系统组成。

（4）硬件服务子系统集

为OpenHarmony操作系统提供硬件服务，由位置服务、生物特征识别、穿戴专有硬件服务、IoT专有硬件服务等子系统组成。

根据不同设备形态的部署环境，基础软件服务子系统集、增强软件服务子系统集、硬件服务子系统集内部可以按子系统粒度裁剪，每个子系统内部又可以按功能粒度裁剪。

1.3.3 框架层

框架层为OpenHarmony操作系统的应用程序提供了多语言的用户程序框架和Ability框架（Ability是应用所具备的能力的抽象组件），以及各种软硬件服务对外开放的多语言框架API（应用程序接口）。不同设备支持的API与系统的组件化裁剪程度相关。

1.3.4 应用层

应用层包括系统应用和第三方非系统应用。OpenHarmony操作系统的应用由一个或多个FA（Feature Ability，即元程序，表示有UI界面的能力抽象化组件，被设计用于与用户的交互）或PA（Particle Ability，即元服务，表示没有UI界面的能力抽象化组件，用于支持FA）组成。基于FA/PA开发的应用，能够实现特定的业务功能，支持跨设备调度与分发，为用户提供一致的、高效的应用体验。

第2章

开源大师兄

OpenHarmony

本书的内容以实际开发实践为主，因此并没有深入OpenHarmony操作系统的底层，如果大家想详细了解OpenHarmony操作系统的内核、架构以及驱动，可以参考李传钊编写的《深入浅出OpenHarmony：架构、内核、驱动及应用开发全栈》。

另外，本书实践的内容以轻量系统的嵌入式开发为主，即OpenHarmony操作系统开发中的南向开发，着重与硬件打交道，聚焦程序调试、编译、烧写等嵌入式开发的工作，如果使用官方的集成开发环境（IDE），则主要是以C/C++开发为主。

2.1 开源大师兄项目

OpenHarmony南向开发中，程序的编译构建过程比较复杂，涉及的编译目标以及使用的编译工具也比较多，理解起来相对困难。为了降低南向开发的门槛，本书选择了一个集成度较高的项目平台——开源大师兄。

2.1.1 项目介绍

开源大师兄是由青少年创客联盟、江苏润和软件股份有限公司、广州多边形部落、北京虚实视界、深圳恩孚科技、蜀鸿会，联合全国各地521位老师发起的一个开源项目。该项目是OpenHarmony操作系统南向开发的硬件一体化的解决方案，包括开发板的原理图、印制电路板（PCB）、软件、编程框架、测试代码、固件、图像编程组件等。利用该项目平台中的硬件开发板，可以通过图形化编程以及Python代码编程的形式学习OpenHarmony轻量系统嵌入式开发的相关内容。2022年7月，开源大师兄项目捐赠到开放原子开源基金会，成为该基金会的第一个开源硬件项目。

开源大师兄项目的官网如图2.1所示。目前，开源大师兄项目的所有资料全部在Gitee上开源。

2.1.2 硬件开发板

开源大师兄项目中的开发板如图2.2所示。

图2.1　开源大师兄项目的官网

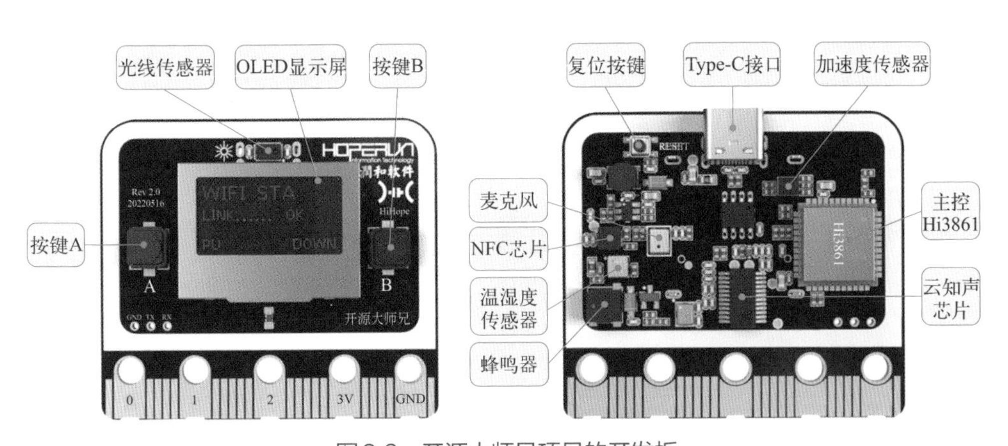

图2.2　开源大师兄项目的开发板

开源大师兄项目的开发板（之后简称为大师兄板）基于海思Hi3861V100芯片，整体尺寸大小为4.5 cm × 5.16 cm。大师兄板正面集成了两个按键（按键A和按键B）、一个光线传感器、一个OLED（有机发光二极管）显示屏；背面集成了蜂鸣器、温湿度传感器、NFC（近距离无线通信技术）芯片、麦克风、加速度传感器、语音识别芯片云知声（AI能力）等；下方是能使用鳄鱼夹连接的金手指扩展引脚。

2.1.3 开发板固件框架

了解了大师兄板的硬件情况，下面再来看看其固件框架，如图2.3所示。

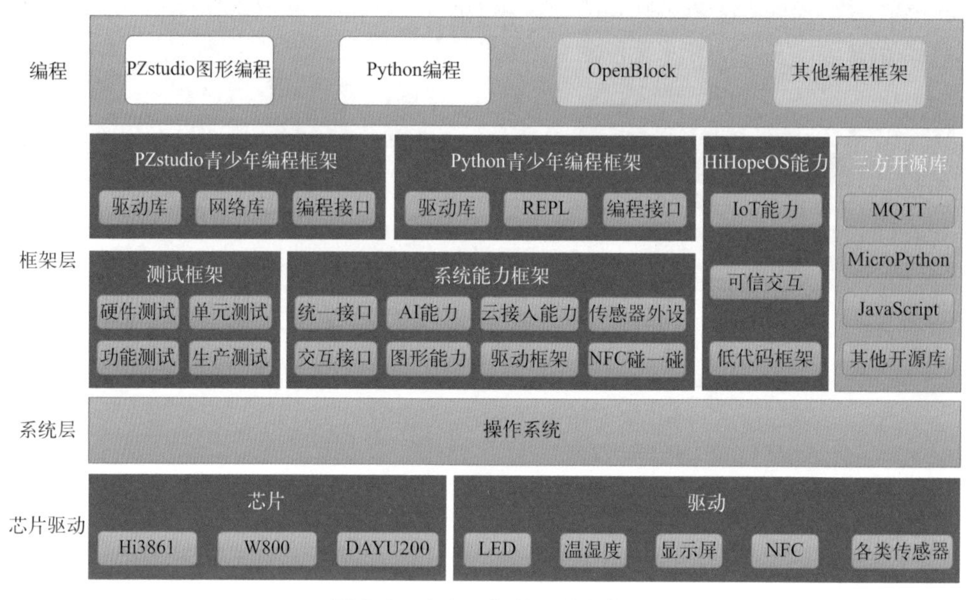

图2.3 大师兄板的固件框架

大师兄板的固件在LiteOS内核的基础上，在框架层提供统一接口、传感器外设、云接入等能力，向编程层提供了统一的Python编程形式。它屏蔽了芯片差异、系统差异以及C/C++编程形式，降低了开发的门槛。本书之后的内容就是使用图形化形式以及Python语言来对大师兄板进行编程，因此后续的内容需要有一点Python编程基础（没有Python基础不影响项目实践，不过可能在代码分析和解读中会有一点难度）。

目前开源大师兄项目的编程环境主要推荐的是广州多边形部落的PZStudio，该编程环境支持Python以及由Python衍生出的图形化编程形式。

说明

大师兄板提供的编程形式实际上是MicroPython。MicroPython与Python（通常称为CPython）不完全相同，MicroPython是专门针对嵌入式芯片开发的，是 Python 3语言的精简高效实现，包括Python标准库的一小部分，经过优化可在微控制器和受限环境中运行。MicroPython致力于与普通Python尽可能兼容，让用户轻松将代码从桌面切换到微控制器或嵌入式系统中。

安装开发环境

2.2.1　下载PZStudio

想使用Python为大师兄板编写程序，需要先下载并安装广州多边形部落的PZStudio。可以在开源大师兄项目的官网上下载PZStudio，如图2.4所示。

图2.4　下载PZStudio

2.2.2　安装PZStudio

下载的文件是一个压缩包，将文件解压后在文件夹中能够看到一个名为setup.exe的可执行文件，双击该文件，就开始安装PZStudio了，如图2.5所示。

在弹出的对话框中单击“下一步”按钮，使用默认的安装路径，再单击“下一步”按钮则会看到如图2.6所示的对话框。

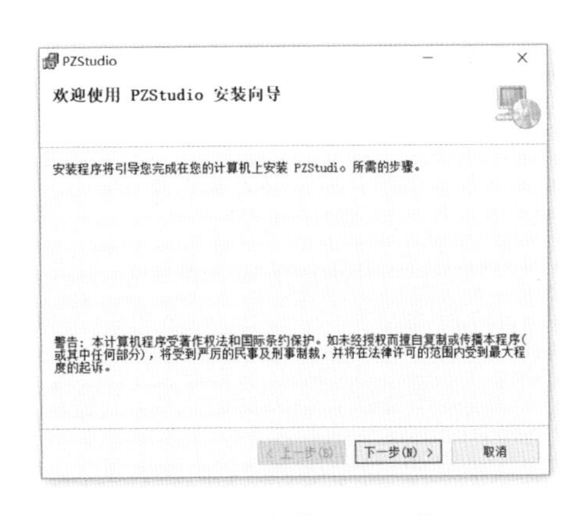

图2.5　安装PZStudio

在这个对话框中会有一个安装的进度条，当进度条走完则会出现如图2.7所示的安装完成对话框。

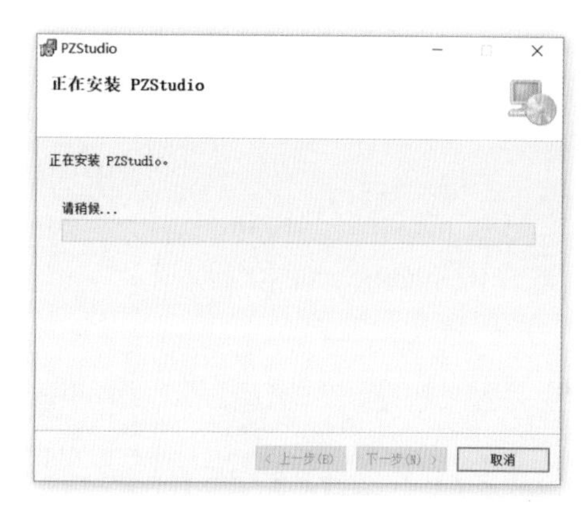

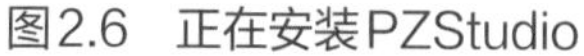
图2.6　正在安装PZStudio

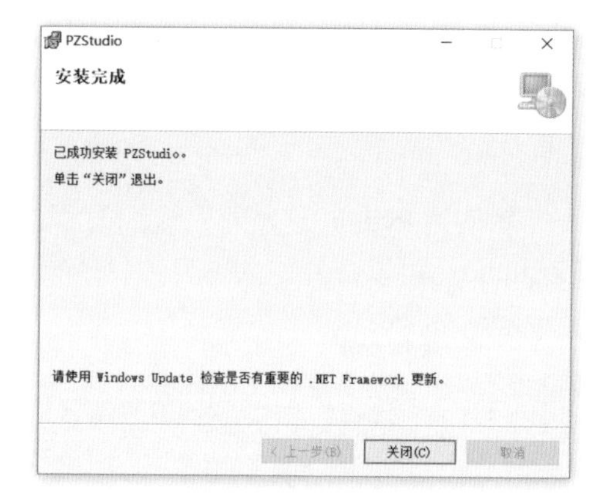

图2.7　安装完成

此时单击“关闭”按钮完成软件安装。

2.3 使用PZStudio

2.3.1 PZStudio软件界面

PZStudio安装完成后，单击“开始”→“PZStudio”命令，或是运行PZStudio的桌面快捷方式打开软件。软件界面如图2.8所示。

PZStudio本身是一个图形化编程软件，为大师兄板编写程序只是其扩展的功能之一。软件界面总体上来说可以分为5个部分。

首先界面的最上方为菜单栏，其中包括一些与文件操作、帮助文档、连接设备等相关的菜单与选择框。

菜单栏的下方从左到右又可以分为3个区域。先看中间和右侧的区域。对于图形化编程软件来说，必然有很多可供选择的程序积木，这些积木就在中间区域，而右侧区域就是程序区，我们在软件中进行的图形化编程就是在这里实现的。

最后来看左侧区域。对于图形化编程软件来说，依照中国电子学会的团体标准《青少年软件编程等级评价指南》当中第二部分图形化编程（T/CIE

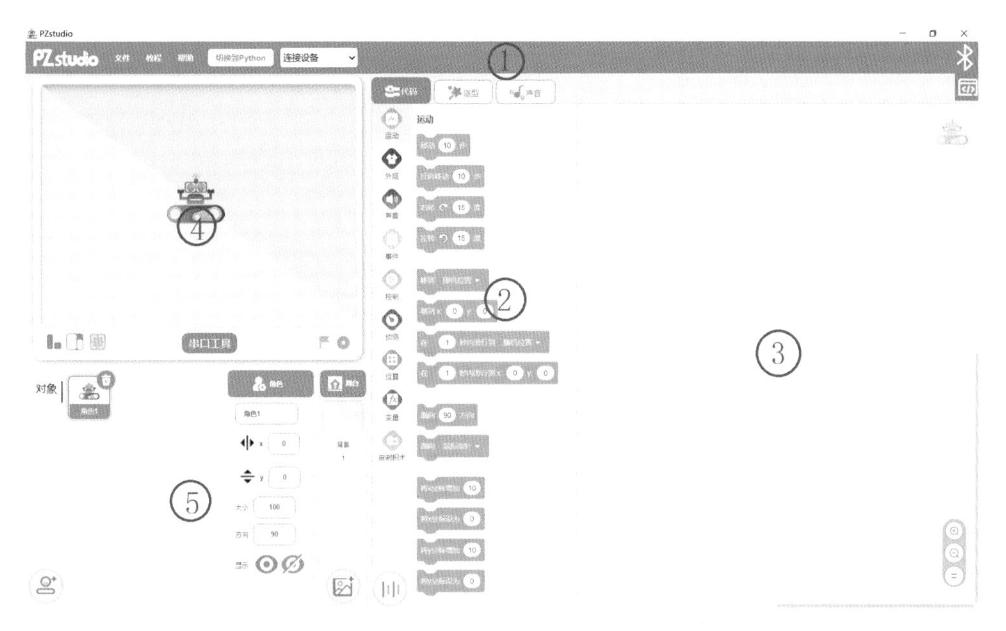

图2.8　PZStudio软件界面

1—菜单栏；2—程序积木；3—程序区；4—舞台；5—角色区

104.2—2021）中的要求，软件中有能够展示图形化编程作品的窗口，这个窗口就在左侧区域的上方，通常称为舞台。初始界面中这个舞台的中间有一个多边形部落的logo机器人。而左侧区域的下方为角色区，在这里可以选择不同的角色进行编程，编程过程中开源大师兄开发板也算是一个角色。

PZStudio软件本身功能十分强大，不过由于本书主要是关于OpenHarmony操作系统嵌入式开发的内容，因此对于其他的功能就不详细介绍了。

2.3.2　选择角色“大师兄”

前面说了在PZStudio中大师兄板也算是一个角色，因此为了给大师兄板编写程序，需要先添加一个“大师兄”的角色。

单击软件界面左下角的“选择角色”按钮，如图2.9所示。此时会弹出一个添加角色的对话框，这里选择“硬件”，如图2.10所示。在这个对话框中能看到在PZStudio中能够添加很多的硬件和设备，除了“大师兄板”之外，还有“掌控板”和“天启板”，以及不同的机器人。这里选择“大师兄板”，此时界面如图2.11所示。

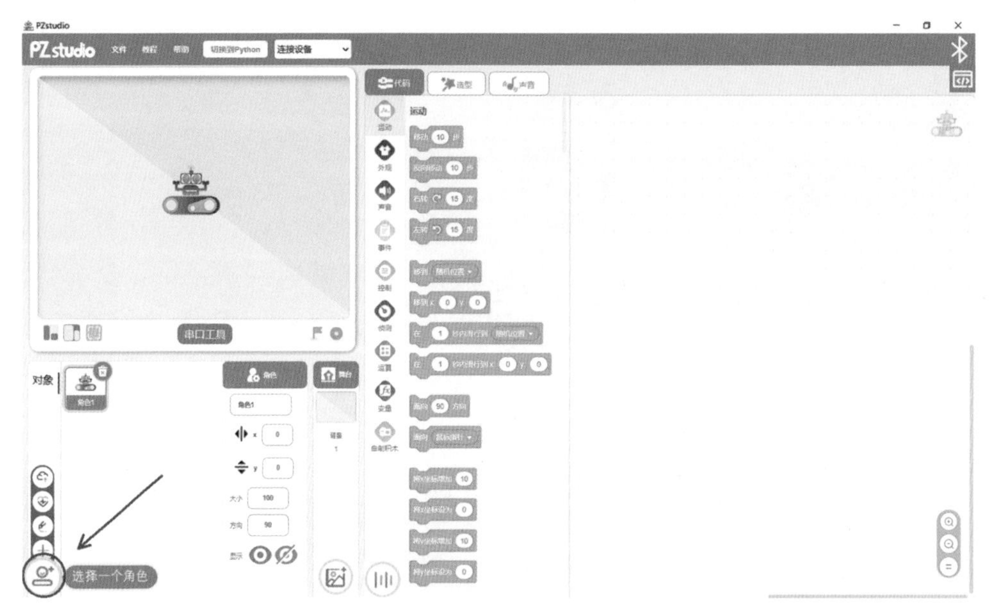

图2.9　添加角色

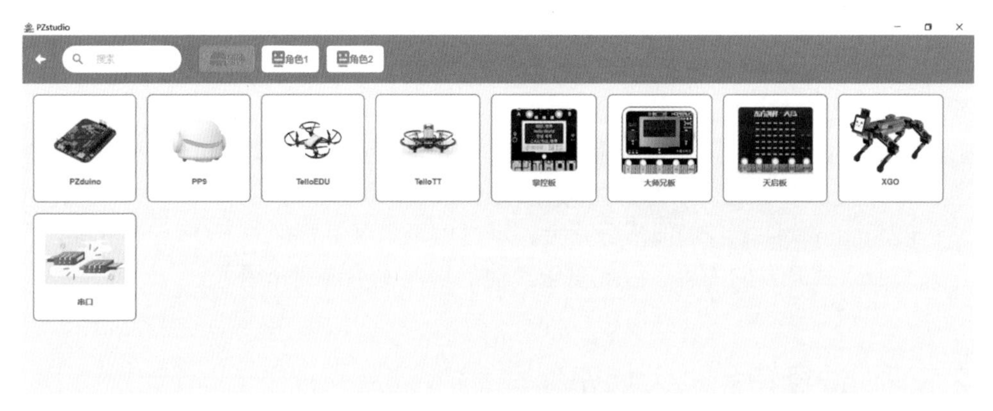

图2.10　添加硬件角色

在图2.11中，首先在角色区可以看到新添加的角色——“大师兄板”，其次会发现界面中间的程序积木区也有一些变化。

对于不同的角色来说，可能会有不同的程序积木，因此在编写程序时，一定要确定选择了正确的对象。

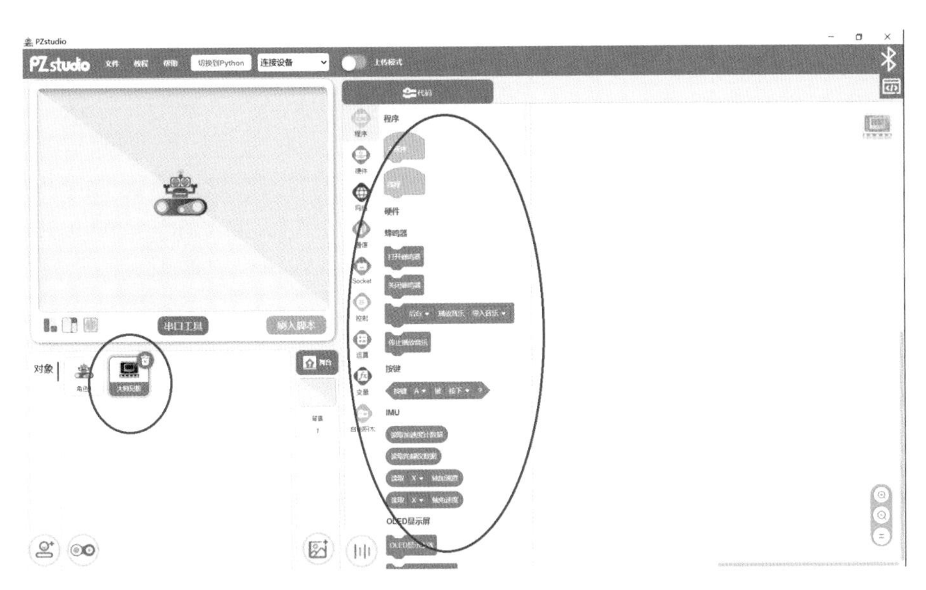

图2.11　添加了硬件之后的界面

说明

为了避免干扰，可以删掉已经存在的角色1。删除角色的方法是先选中角色，然后单击角色图标右上角的“垃圾桶”小图标。只有“大师兄板”一个角色的界面如图2.12所示。

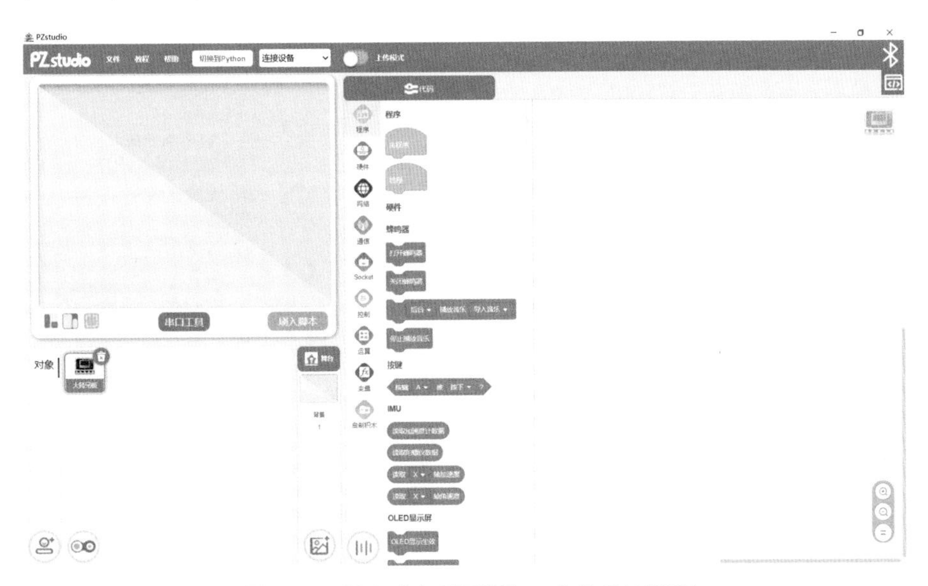

图2.12　只有“大师兄板”一个角色的界面

2.3.3 连接开发板并烧录固件

在软件中添加并选择了对象“大师兄板”之后，将大师兄板通过USB线连接到计算机端。此时会对应地出现一个串口设备，同时，在软件的菜单栏中也可以选择相应的串口号。选择了正确的串口号之后硬件连接就算完成了。

为了保证PZStudio与大师兄板能够更好地配合，在第一次使用大师兄板的时候，最好更新一下大师兄板的固件。操作如下。

第一步，单击菜单栏中的“文件”，在弹出的子菜单中选择“烧录固件”，如图2.13所示。此时会弹出如图2.14所示的对话框。

图2.13 单击菜单栏中的“文件”，在弹出的子菜单中选择“烧录固件”

第二步，选择正确的串口和开发板，这里设置串口号为“COM12”，开发板选择“大师兄板”，如图2.15所示。对于PZStudio软件烧录固件的功能来说，可以支持“专有固件”“开源固件”和“自定义固件”。其中，“专有固件”是PZStudio基于OpenHarmony深度优化的大师兄操作系统，和软件的配合情况最好，因此这里选择默认的“专有固件”。

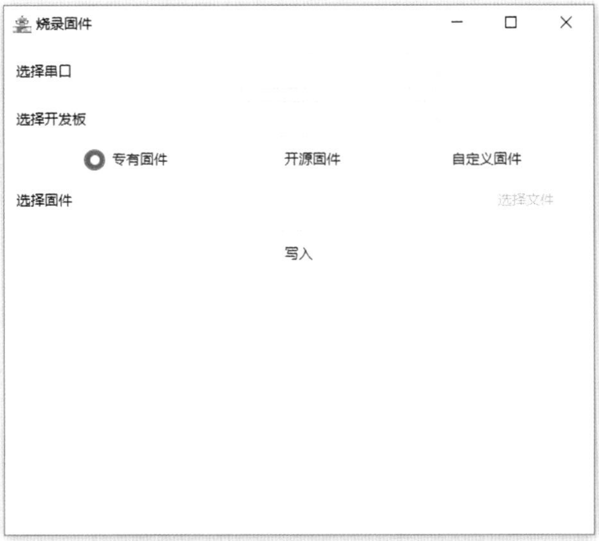

烧录固件
选择串口
选择开发板
专有固件　开源固件　自定义固件
选择固件　选择文件
写入

图2.14　“烧录固件”对话框

烧录固件
选择串口　COM12
选择开发板　大师兄板
专有固件　开源固件　自定义固件
选择固件　选择文件
写入
专有固件：基于OpenHarmony深度优化的大师兄板操作系统
固件:PZS_dsx_1.00.15.bin
固件版本:1.00.15 2022.7.29

图2.15　选择正确的串口和开发板

第三步，单击“写入”按钮，此时界面如图2.16所示。当开始更新固件的时候，会要求用户手动按下大师兄板背面的复位按键，然后烧录固件对话框会变成如图2.17所示的样子。

图2.16　单击“写入”按钮开始更新固件

图2.17　开始更新固件

说明

如果长时间未按下复位按键，软件将停止更新固件的操作，并在更新固件对话框中提示“烧录失败，请检查连接后重新烧录！”。

等待“烧录固件”对话框中提示烧录成功之后，固件更新就完成了。此时还需要重启大师兄板，这样软硬件就都准备好了。

第3章 显示屏显示

OpenHarmony

软硬件都准备好之后，就可以开始为大师兄板编程了。

PZStudio支持Python以及由Python衍生出的图形化编程形式，从使用的方便性来说，图形化编程形式更容易上手，但文本代码编程却更有条理性，因此本书之后的编程操作基本上都以图形化编程形式为主，辅以Python代码的介绍与讲解。

3.1 OLED显示屏

大师兄板正面最显眼的部分就是中间的一个OLED显示屏，我们的编程之旅就从这个显示屏开始。

3.1.1 device库与OLED显示屏

要通过Python实现对大师兄板的控制，首先需要认识device库。device库中包含了大师兄板板载资源相关的类和对象，包括获取光线强度的“LTR553类”、获取温湿度值的“AHT2X类”、获取姿态传感器数据的“IMU类”、获取大师兄板AB按键状态的“BUTTON类”、控制OLED显示的“OLED类”、控制蜂鸣器的“BEEP类”等。

当然对于图形化编程形式来说，我们直接使用对应的程序积木即可，不用关心代码需要导入什么库或者模块。在图形化编程形式中，控制OLED显示的程序积木大致分为两类：一类是显示文本信息的，即图3.1中标识1的部分；另一类是在OLED上绘制图形的，即图3.1中标识2的部分。

可以先尝试利用这些程序积木在大师兄板的OLED显示屏上显示信息。例如，这里我们在第1行显示“你好，大师兄!”，在第5行显示“你好，开源鸿蒙!”，然后在显示屏中间画一个圆。具体操作如下。

第一步，找到在某行显示字符的程序积木，将其拖曳到右侧的程序区，如图3.2所示。

显示字符的程序积木当中，有三个参数：第一个参数为行数，对于大师兄板来说，总共有5行，可以通过下拉菜单来选择；第二个参数为显示的字符串，我们可以直接在中间的圆弧形区域输入，这里默认的内容就是“你好，大师兄！”；第三个参数为显示的效果，有“黑底白字”和“白底黑字”两个选项，“黑底白字”就是正常显示（因为对于OLED显示屏来说，整个屏幕默认为“黑色”），而

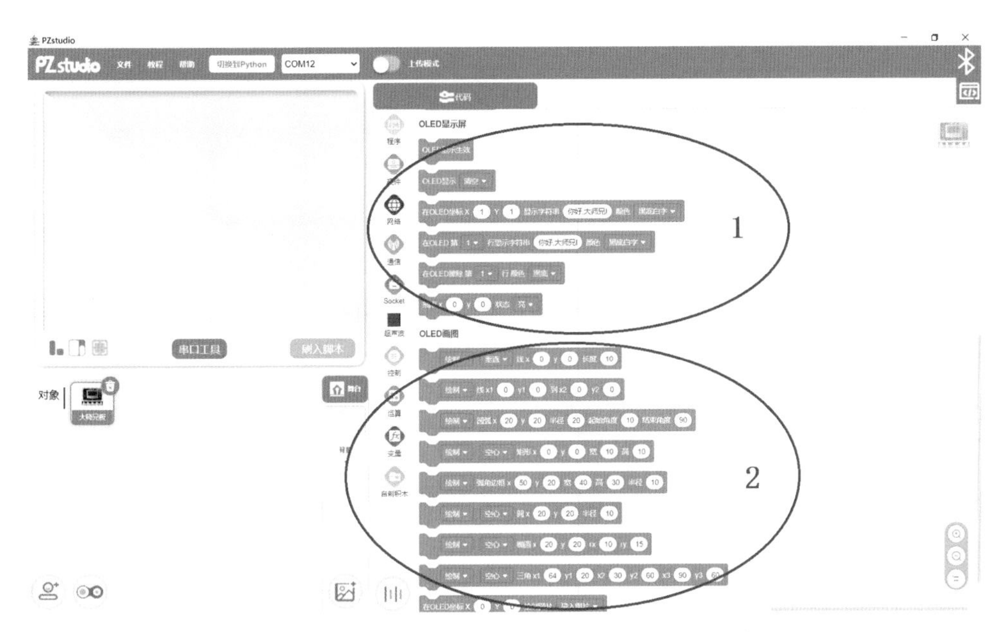

图3.1　PZStudio中控制OLED显示的程序积木

图3.2　找到在某行显示字符的程序积木，将其拖曳到右侧的程序区

“白底黑字”是反显。

第二步，再将一个在某行显示字符的程序积木拖曳到右侧的程序区，放在第一个程序积木的下方。修改程序区第二个程序积木的参数，第一个参数为5，第二个参数为“你好，开源鸿蒙！”，第三个参数不变，如图3.3所示。

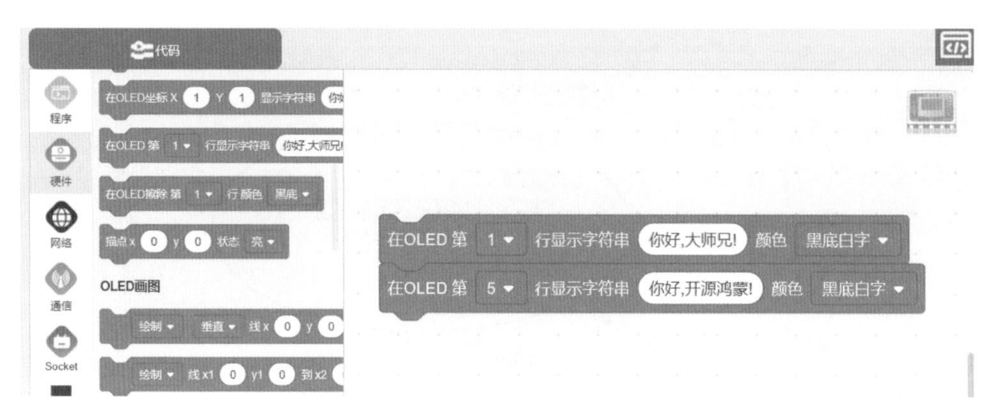

图3.3　设置第二个显示字符的程序积木的参数

第三步，在“OLED画图”的程序积木中找到绘制圆的程序积木，将其拖曳到右侧的程序区，放在前两个程序积木块的下方。绘制圆的程序积木当中，有五个参数：第一个参数是选择“绘制”还是“擦除”，“绘制”可以理解为用“白色”画一个圆，而“擦除”可以理解为用“黑色”画一个圆；第二个参数是选择画“空心”圆还是“实心”圆，这里前两个参数均保持不变；第三个参数和第四个参数是选择圆的圆心坐标，大师兄板上OLED显示屏的大小为水平128个像素，垂直64个像素，屏幕的左上角为坐标0点，我们希望这个圆垂直方向上在中间，水平方向上靠左，因此这里设定圆的圆心坐标为（32，32）；第五个参数为圆的半径，这里设为15，如图3.4所示。

第四步，放置显示生效的程序积木，这一步是在控制OLED显示屏时经常会忘记的一步。在“OLED显示屏”的程序积木中找到显示生效的程序积木，将其

图3.4　设置绘制圆的程序积木的参数

拖曳到右侧的程序区，放在整个程序积木块的最下方，如图3.5所示。

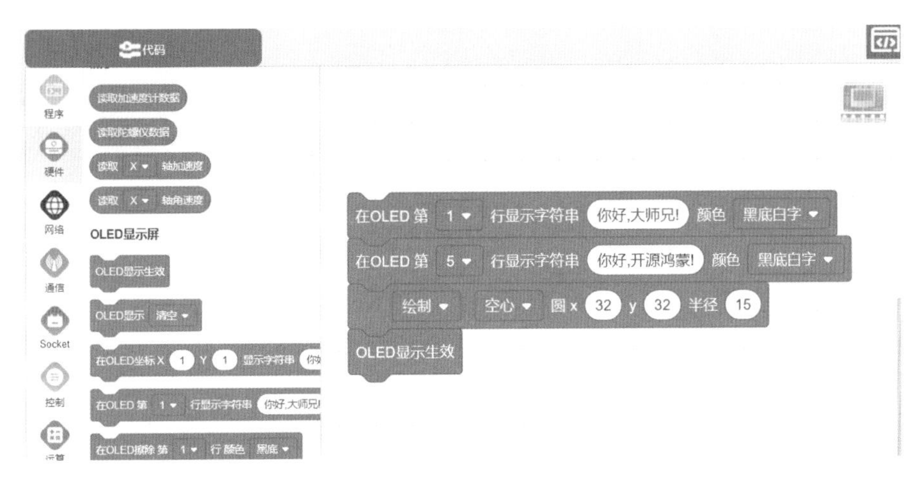

图3.5　添加显示生效的程序积木

对于OLED的所有操作，只有运行了显示生效，对应的内容才会显示在OLED显示屏上，这一点要特别注意。尤其是当OLED显示屏上并没有出现预期内容的时候，可能就要仔细检查一下是否放置了显示生效的程序积木，同时也要注意只有显示生效的程序积木之前的内容才会显示出来。

第五步，将完成的程序刷入到大师兄板当中，操作如图3.6所示。

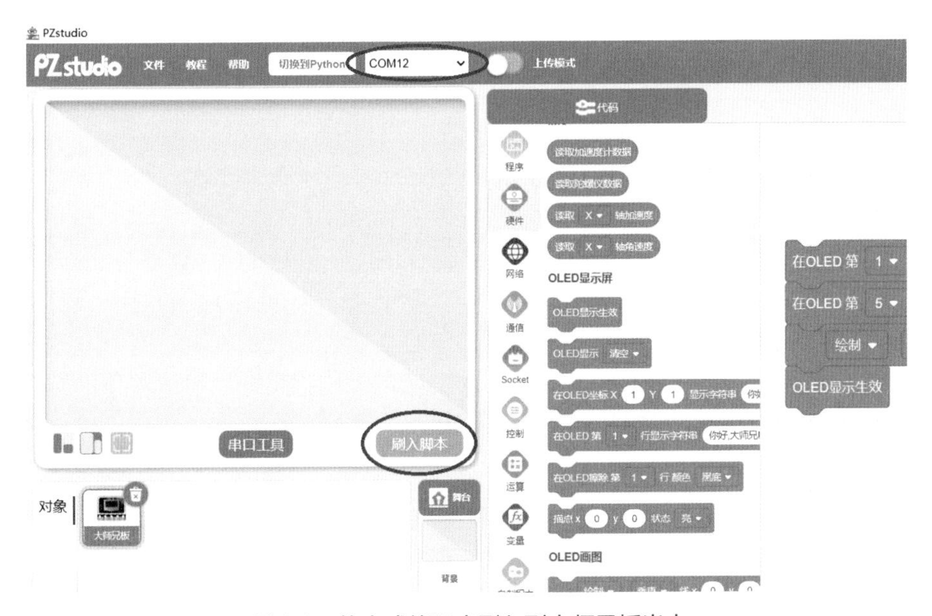

图3.6　将完成的程序刷入到大师兄板当中

在确保设备连接的情况下（在菜单栏中选择了正确的串口号），单击“舞台”右下方的“刷入脚本”按钮，然后等待程序刷入之后，在大师兄板的OLED显示屏上就会看到显示了对应的文本和图形，如图3.7所示。

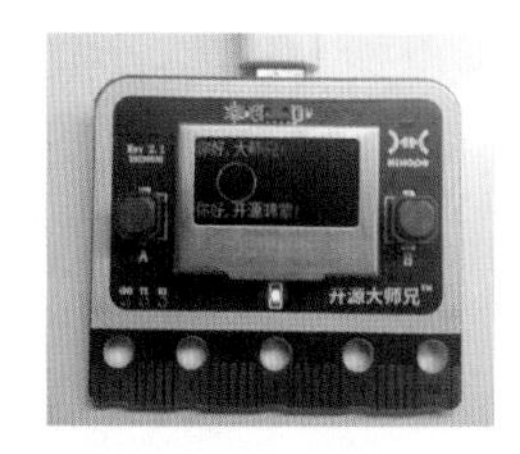

图3.7　在大师兄板上显示文字和图形的效果

3.1.2　查看文本代码

完成了上面的操作之后，来简单地分析一下代码。如果想查看上面的这段程序积木块对应的Python代码，可以单击PZStudio软件界面中程序区右上角的“代码”图标，此时就会从软件的右侧弹出一个显示文本代码的区域，如图3.8所示。

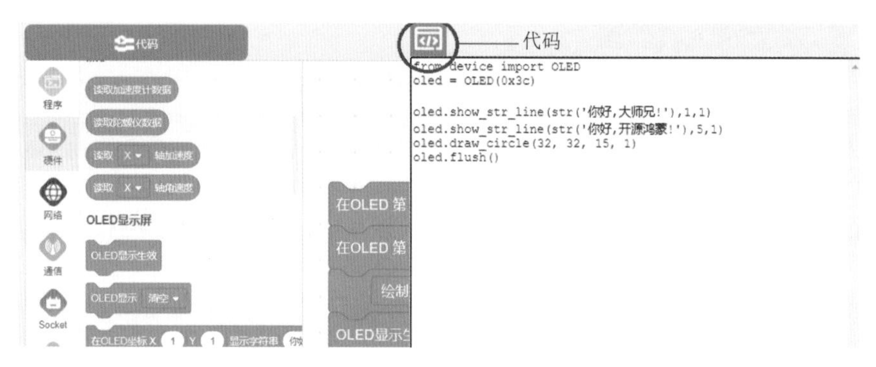

图3.8　显示图形化程序积木块对应的文本代码

说明

本书之后在代码部分都以文本形式展示，而不显示截图形式。

前面介绍了，在device库中包含了控制OLED显示的“OLED类”，因此代码中首先要从device库中导入OLED类；接着要生成一个OLED类的对象，对象名这里设定为oled，生成对象时的参数是OLED显示屏的I2C地址，这个大家可以简单当成一个固定的值来理解；然后下面的四句代码就是利用oled对象的方法完成文字和图形的显示，具体代码的含义将在下一小节介绍。

3.1.3　OLED类

大师兄板中oled对象的使用方法如下，我们可以结合这些方法看看都能对

OLED屏进行什么操作，然后在图形化编程形式中寻找对应的程序积木即可。

- ☐ show_str_line(str,row,color)：这个方法在上面的代码中出现过，其功能是用于在指定行显示文本。当显示的字符串超出显示屏宽度时，可自动换行。参数说明如下。

show_str_line(str,row,color)	
参数	说明
str	需要显示的文本
row	显示的行号
color	字体颜色（0表示白底黑字，1表示黑底白字）

- ☐ show_str(str,x,y,color)：这个方法与show_str_line(str,row,color)方法相似，其功能是在OLED显示屏上指定的坐标位置显示文本。参数说明如下。

show_str(str,x,y,color)	
参数	说明
str	需要显示的文本
x	文本左上角的*x*坐标。OLED显示屏左上角的坐标为（0，0）。向右*x*的值增加，向下*y*的值增加
y	文本左上角的*y*坐标
color	字体颜色（0表示白底黑字，1表示黑底白字）

- ☐ flush()：这个方法也是上一小节的代码中出现过的，其功能是显示生效。无参数。
- ☐ fill_screen(color)：设定整个屏幕点亮或熄灭。参数说明如下。

fill_screen(color)	
参数	说明
color	字体颜色（0表示白底黑字，1表示黑底白字）

- ☐ clear()：用于清空显示屏。无参数。
- ☐ pixel(x,y,color)：用于在屏幕指定坐标画点。参数说明如下。

pixel(x,y,color)	
参数	说明
x	*x*坐标
y	*y*坐标
color	点的颜色（0表示白底黑点，1表示黑底白点）

☐ draw_circle(x,y,r,color)：这个方法是上一小节中画圆的方法。参数说明如下。

draw_circle(x,y,r,color)	
参数	说明
x	圆心的x坐标
y	圆心的y坐标
r	圆的半径
color	线的颜色（0表示白底黑线，1表示黑底白线）

这里参数color对应图形化程序积木中的第一个选择“绘制”或“擦除”的参数。另外可能有人会有疑问，在介绍图形化程序积木的时候，说的是有五个参数，而这里只有四个参数，少了图形化程序积木中的第二个选择画“空心”圆或“实心”圆的参数。

大家可以尝试在图形化编程形式中改变第二个参数，将其变为“实心”，然后再看对应的代码，如图3.9所示。

图3.9　更改画圆程序积木的参数

通过图3.9能够发现，当在图形化编程形式中改变了第二个参数后，对应代码中显示更换了另外一个方法fill_circle( )，该方法的说明如下。

☐ fill_circle(x,y,r,color)：这个方法的功能是绘制一个实心圆，其参数与draw_circle()方法一致。上述例子能够说明虽然在图形化编程形式中是同一个程序积木，但其可能对应不同的文本代码。

☐ draw_triangle(x0,y0,x1,y1,x2,y2,color)：用于绘制三角形。参数说明如下。

draw_triangle(x0,y0,x1,y1,x2,y2,color)	
参数	说明
x0	三角形第一个点的x坐标
y0	三角形第一个点的y坐标
x1	三角形第二个点的x坐标
y1	三角形第二个点的y坐标
x2	三角形第三个点的x坐标
y2	三角形第三个点的y坐标
color	线的颜色（0表示白底黑线，1表示黑底白线）

- ☐ fill_triangle(x0,y0,x1,y1,x2,y2,color)：用于绘制实心三角形。参数与方法draw_triangle(x0,y0,x1,y1,x2,y2,color)参数一致。
- ☐ draw_rectangle(x,y,w,h,color)：用于绘制矩形。参数说明如下。

draw_rectangle(x,y,w,h,color)	
参数	说明
x	矩形左上角的x坐标
y	矩形左上角的y坐标
w	矩形的宽度
h	矩形的高度
color	线的颜色（0表示白底黑线，1表示黑底白线）

- ☐ fill_rectangle(x,y,w,h,color)：用于绘制实心矩形。参数与方法draw_rectangle(x,y,w,h,color)参数一致。
- ☐ draw_round_rectangle(x,y,w,h,r,color)：用于绘制圆角矩形。参数与方法draw_rectangle(x,y,w,h,color)参数一致。
- ☐ draw_ellipse(x,y,rx,ry,color)：用于绘制椭圆，参数说明如下。

draw_ellipse(x,y,rx,ry,color)	
参数	说明
x	椭圆中心点的x坐标
y	椭圆中心点的y坐标
rx	椭圆x轴方向上长度的一半
ry	椭圆y轴方向上长度的一半
color	线的颜色（0表示白底黑线，1表示黑底白线）

- fill_ellipse(x,y,rx,ry,color)：用于绘制实心椭圆，参数与方法draw_ellipse(x,y,rx,ry,color)参数一致。
- line(x0,y0,x1,y1,color)：用于绘制一条直线，参数说明如下。

line(x0, y0, x1, y1, color)	
参数	说明
x0	直线一点的x坐标
y0	直线一点的y坐标
x1	直线另一点的x坐标
y1	直线另一点的y坐标
color	线的颜色（0表示白底黑线，1表示黑底白线）

- hline(x,y,len,color)：用于绘制一条水平的直线，参数说明如下。

hline(x,y,len,color)	
参数	说明
x	直线左侧起点的x坐标
y	直线左侧起点的y坐标
len	直线的长度
color	线的颜色（0表示白底黑线，1表示黑底白线）

- vline(x,y,len,color)：用于绘制一条垂直的直线，参数说明如下。

vline(x,y,len,color)	
参数	说明
x	直线顶端起点的x坐标
y	直线顶端起点的y坐标
len	直线的长度
color	线的颜色（0表示白底黑线，1表示黑底白线）

- draw_arc(x,y,r,angle1,angle2,color)：用于绘制一段圆弧。参数说明如下。

draw_arc(x,y,r,angle1,angle2,color)	
参数	说明
x	圆弧所对应圆的圆心x坐标
y	圆弧所对应圆的圆心y坐标
r	圆弧所对应圆的半径
angle1	圆弧起始角度
angle2	圆弧结束角度
color	线的颜色（0表示白底黑线，1表示黑底白线）

- bit_map(x,y,w,h,color,bitmap)：用于绘制位图。参数说明如下。

bit_map(x, y, w, h, color, bitmap)	
参数	说明
x	图像左上角的x坐标
y	图像左上角的y坐标
w	图像的宽度
h	图像的高度
color	线的颜色（0表示白底黑线，1表示黑底白线）
bitmap	位图的字节数组

3.2 示例：冒泡泡

了解了大师兄板中oled对象的方法之后，本节来实现一个冒泡泡的例子。

3.2.1 功能描述

这个例子实现的效果比较简单，就是在OLED显示屏的正中间绘制一个圆，然后这个圆的半径不断增加，最后当圆和OLED显示屏一样高时消失，同时中间又出现一个小的圆，不断重复。

3.2.2 功能实现

由于泡泡是不断出现的，因此需要用到循环。可以选择“控制”类程序积木中的“重复执行”（选择结构的程序积木也在“控制”类程序积木中），将其拖曳到程序区，如图3.10所示。

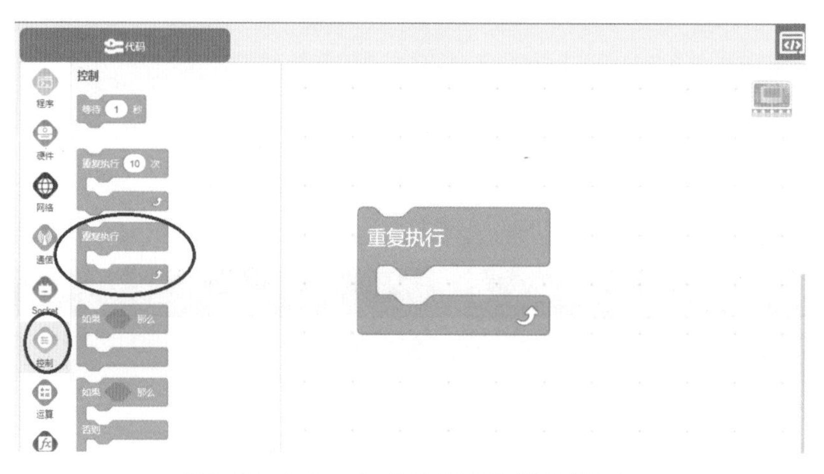

图3.10　拖入一个“重复执行”的程序积木

另外，由于圆的半径是变化的，因此还要设置一个变量。选择“变量”类程序积木中的“建立一个变量”，如图3.11所示。此时会弹出一个“新建变量”对

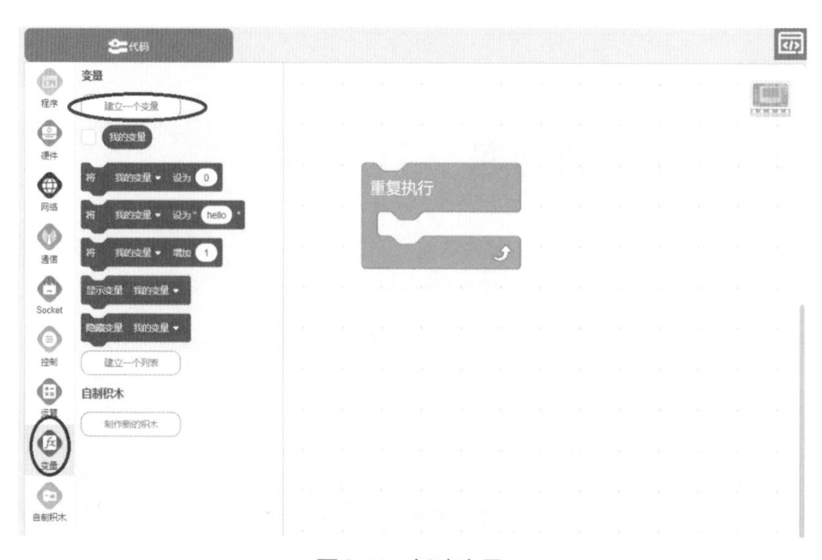

图3.11　新建变量

话框，如图3.12所示。这里将变量命名为“rad”，然后单击“确定”按钮，此时就会在软件环境中看到新建的变量rad，如图3.13所示。

图3.12　“新建变量”对话框

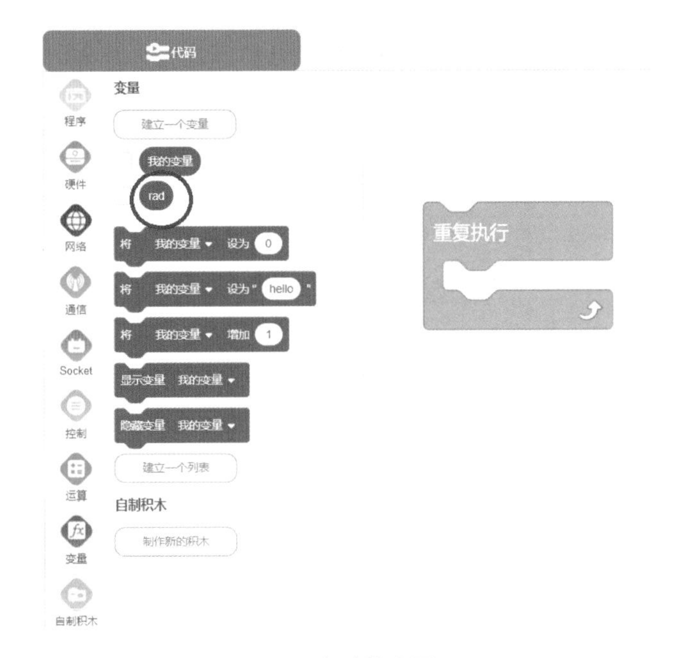

图3.13　新建的变量rad

说明

在图形化编程形式下，可以用中文来命名变量，软件会将这个变量名转换成字符编码代入到程序中，大家可以尝试用中文来定义变量，不过本书中考虑到之后会分析文本代码，所以基本上还是用英文来为变量命名。

变量创建之后，要为其赋初值。将设置变量的程序积木放在“重复执行”程序积木的上方，如图3.14所示。

接下来，在重复执行的循环中执行的操作是画圆，然后增加半径的值，不断重复，当半径的值超过32的时候（半个OLED显示屏的高度）再将半径的值设为0。对应的图形化程序积木块如图3.15所示。

运行程序会发现OLED显示屏上会出现一个圆，然后迅速地扩大，当这个圆和屏幕一样高的时候，就不变了。并没有实现我们预计的效果，这是因为程序中画圆之前没有清空屏幕，因此之前画的圆还保留在上面。调整的方法就是在每次画圆之前，先清空屏幕。修改后的程序积木块如图3.16所示。

这样冒泡泡的例子就完成了。新的程序积木块中还增加了一个等待的程序积

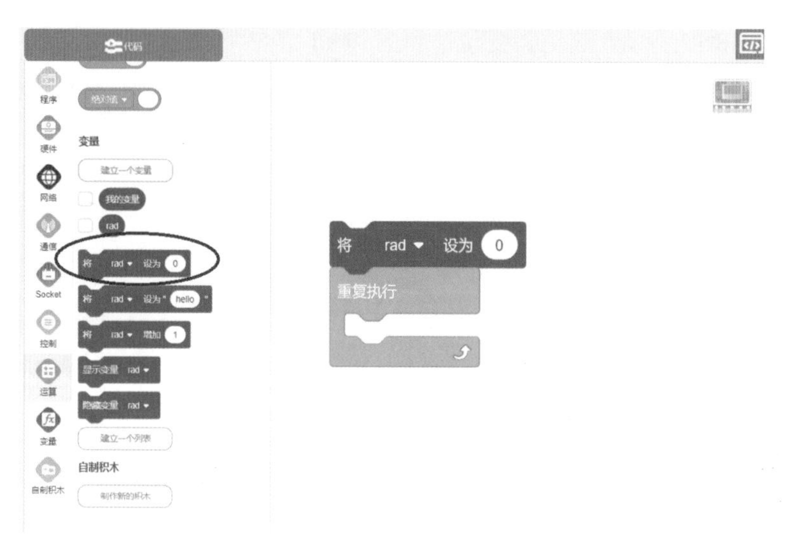

图3.14　为变量赋初值

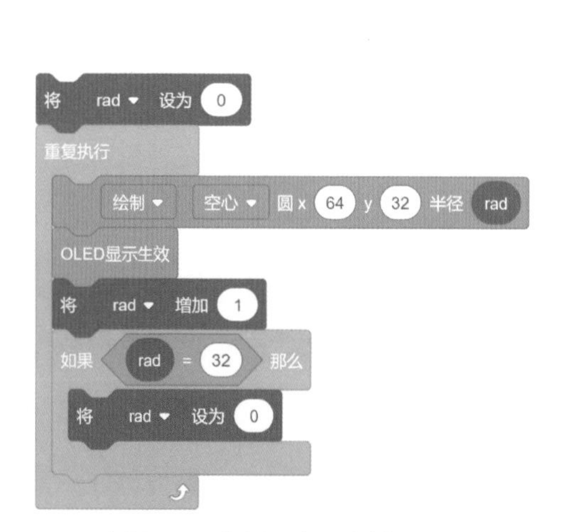

图3.15　在循环中不断地画圆

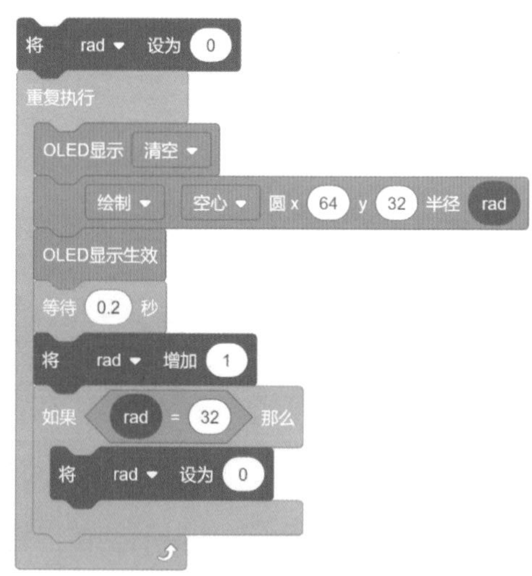

图3.16　完成后的冒泡泡程序积木块

木，这样就能在程序中控制冒泡的速度了，目前是每次画圆之间间隔0.2 s。

3.2.3　文本代码分析

例子实现之后，我们来分析一下代码。图3.16的程序积木块对应的文本代码如下。

```
from device import OLED
oled = OLED(0x3c)
import time
rad = 0

rad = 0
while True:
  oled.fill_screen(0)
  oled.draw_circle(64, 32, rad, 1)
  oled.flush()
  time.msleep(200);
  rad = rad + 1
  if(rad == 32) :
    rad = 0
```

这段程序中要单独说明的是导入了time对象，这是因为之后用到了time对象的msleep()方法。msleep()方法的功能是等待一段时间，其参数只有一个，即等待的时间，单位是毫秒。因此，在上例中的图形化编程形式中参数是0.2，而在文本代码中参数是200。

time对象还有一个tick_ms()方法，其功能是获取系统运行时间，单位也是毫秒，方法无返回值。

上述程序中的while循环中包含了一个if判断，这块文本代码比较直观，就不做过多介绍了。

3.3 示例：制作水平仪

通过以上的内容，我们对于OLED显示屏的操作应该算比较熟悉了，本节我们将结合三轴加速度的值实现一个水平仪的制作。

3.3.1 显示加速度计的数值

通过图形化编程形式能够很快地实现在OLED显示屏上显示加速度计的数

值，具体操作如下。

第一步，选择“控制”类程序积木中的“重复执行”，将其拖曳到程序区。这一步主要是因为要不断刷新显示加速度计的数值。

第二步，使用在OLED显示屏上指定的坐标位置显示文本的程序积木，先在（1，1）、（1，20）和（1，40）的位置显示字符“x:”“y:”和“z:”，作为之后数据的标识，完成后如图3.17所示。

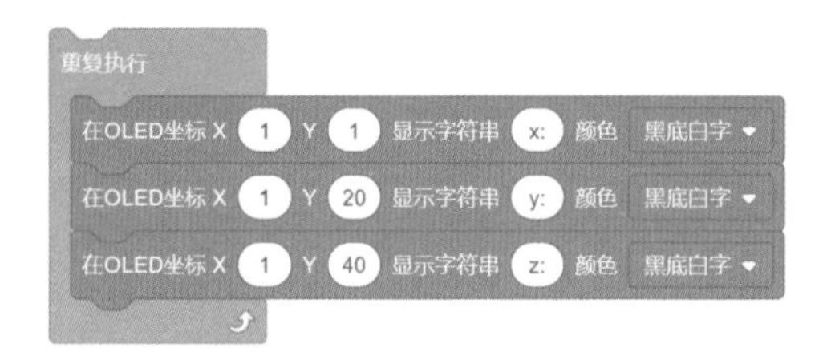

图3.17　使用程序积木显示字符“x:”“y:”和“z:”

第三步，接着在（15，1）、（15，20）和（15，40）的位置开始显示对应加速度计的数值，还是选用在OLED显示屏上指定的坐标位置显示文本的程序积木，至于显示的内容则是选择“IMU”类程序积木中的“读取X/Y/Z轴加速度”的程序积木，最后加上显示生效的程序积木，如图3.18所示。

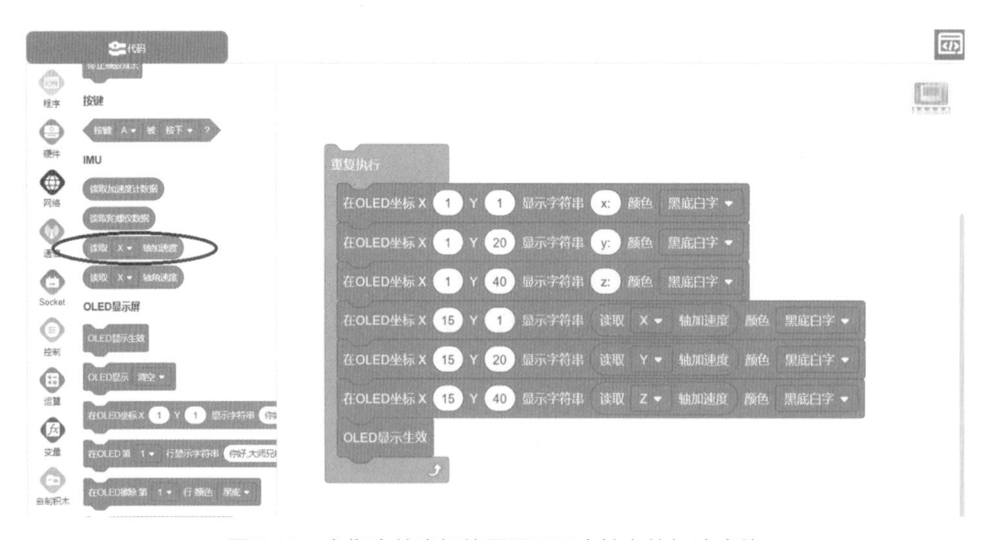

图3.18　在指定的坐标位置显示三个轴上的加速度值

第四步，刷入程序，在大师兄板的OLED显示屏上就会看到三个轴上加速度计的数值，如图3.19所示。

图中大师兄板是显示屏向上平放在桌面上的，这里能看到z轴的值接近−1，这表示一个重力加速度在z轴的负方向上的。当我们晃动大师兄板的时候，就能看到这三个值在变化，这是运动的加速度与重力加速度在三个轴向上分量的加和。如果大师兄板静止在一个状态，则对应的数值就只是重力加速度在三个轴向上的分量。

对于大师兄板来说，金手指方向为y的负方向，水平向右（从按键A指向按键B）为x的负方向，垂直向上为z的正方向。

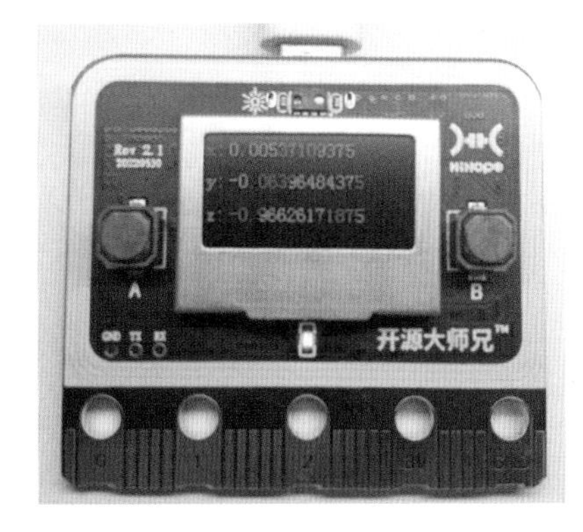

图3.19　在大师兄板上显示三个轴上的加速度值

3.3.2　IMU类

显示了加速度计的数值之后，还是来简单分析一下代码。图3.18的程序积木块对应的文本代码如下。

```
from device import OLED
oled = OLED(0x3c)
from device import IMU
imu = IMU()

while True:
  oled.show_str(str('x:'),1,1,1,0)
  oled.show_str(str('y:'),1,20,1,0)
  oled.show_str(str('z:'),1,40,1,0)
  oled.show_str(str(imu.acc()[0]),15,1,1,0)
  oled.show_str(str(imu.acc()[1]),15,20,1,0)
  oled.show_str(str(imu.acc()[2]),15,40,1,0)
  oled.flush()
```

前面介绍了，在device库中包含了获取姿态传感器数据的IMU类，其中姿态传感器可以测量加速度值和角速度值（通过陀螺仪），因此代码中先要从device库中导入IMU类，然后和OLED显示屏一样，生成一个IMU类的对象，这里设定对象名为imu。

接着为了持续地显示变化的加速度值，显示的代码要放在while循环中。在循环中这里主要看显示加速度值的代码，其中使用了imu对象的acc()方法，该方法的功能是获取加速度计三个轴向上的数据，返回值是包含三个轴向上数据的元组，因此如果要取单个值，可以通过方括号加序列号的方式来实现。另外，imu对象还有一个gyro()方法，其功能是获取陀螺仪三个轴向上的数据，返回值是包含三个轴向上数据的元组。

最后别忘了通过oled对象的flush()方法让显示生效。

3.3.3 示例：制作水平仪

在顺利地获取了加速度计的数据之后，本节就来制作一个图形化的水平仪。具体的功能就是在显示屏上显示由三个圆圈组成的一个靶子一样的图案，然后在这三个圆圈上有一个会随着大师兄板姿态变化位置的实心圆，效果如图3.20所示。

第一步，绘制一个靶子的图案。图中三个圆圈的圆心都在显示屏的正中，因此圆心都是（64，32），而三个圆圈的半径分别为5、15、25，因此绘制靶子图案的程序积木块如图3.21所示。

图3.20　水平仪实现的效果

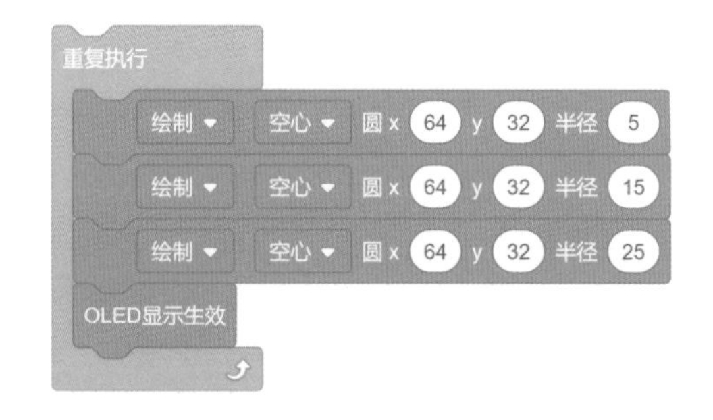

图3.21　绘制靶子图案的程序积木块

这里考虑到之后放置的实心圆要不断刷新显示，因此绘制靶子的图案放在了一个重复执行的循环当中。

第二步就是绘制位置会随着加速度值不断变化的实心圆。这个实心圆就好像水平仪中的气泡。大师兄板平放的时候，实心圆在靶子正中；当大师兄板向下倾斜的时候（加速度计y轴负方向），实心圆要向上移动；当大师兄板向上倾斜的时候（加速度计y轴正方向），实心圆要向下移动；同样的，当大师兄板向左倾斜的时候（加速度计x轴正方向），实心圆要向右移动；当大师兄板向右倾斜的时候（加速度计x轴负方向），实心圆要向左移动。通过以上的描述，能够发现这里只用到了x方向和y方向的加速度值。

加速度值的范围在 ±1之间（静止的状态只会受到重力加速度的影响），而实心圆的圆心在靶子中心半径30的范围内。由此能通过图3.22所示图形化代码得到实心圆的圆心位置（新建变量x、y表示实心圆的圆心）。

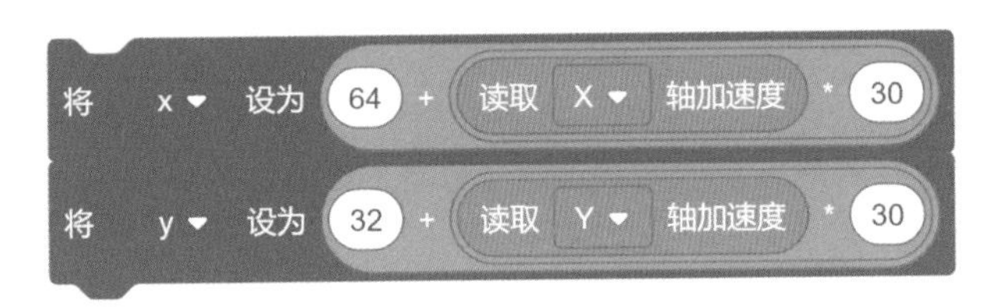

图3.22　计算实心圆的圆心

说明

这里一定要注意对于显示屏来说x、y方向的正负。

最后，整个水平仪的程序积木块如图3.23所示（实心圆的半径为4）。

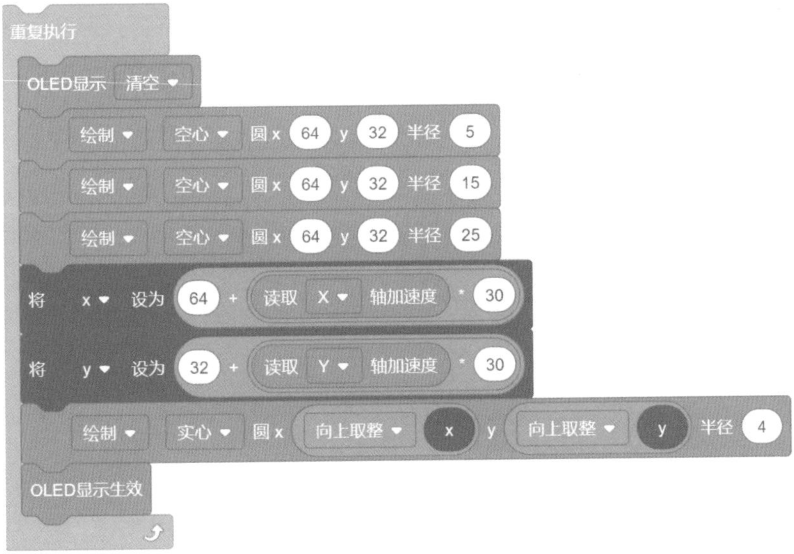

图3.23　整个水平仪的程序积木块

3.3.4　文本代码分析

完成了水平仪的制作之后，照例来简单分析一下代码。图3.23的程序积木块对应的文本代码如下。

```
import math
from device import OLED
oled = OLED(0x3c)
from device import IMU
imu = IMU()
x = 0
y = 0

while True:
  oled.fill_screen(0)
  oled.draw_circle(64, 32, 5, 1)
  oled.draw_circle(64, 32, 15, 1)
  oled.draw_circle(64, 32, 25, 1)
  x = (64 + (imu.acc()[0] * 30))
  y = (32 + (imu.acc()[1] * 30))
  oled.fill_circle(math.ceil(x), math.ceil(y), 4, 1)
  oled.flush()
```

这段代码中要注意的是因为用了一些数学方面的函数，所以导入math库并使用了math.ceil()方法，通过图3.23也能看到该方法的功能是“向上取整”，即只取数值的整数部分。使用这个方法是因为在oled对象的fill_circle()方法中，参数圆心的x、y坐标必须是整数值，但通过运算得到的两个变量值是小数值。

3.4 示例：制作计时器

水平仪的代码分析完之后，本节尝试完成一个带有时针、分针的计时器。

3.4.1 功能描述

计时器实现的功能是当程序运行或大师兄板复位后，计时器就会开始从零计时，同时左上角会通过数字的形式显示计时器运行的天数，而左下角会显示秒数。运行效果如图3.24所示。

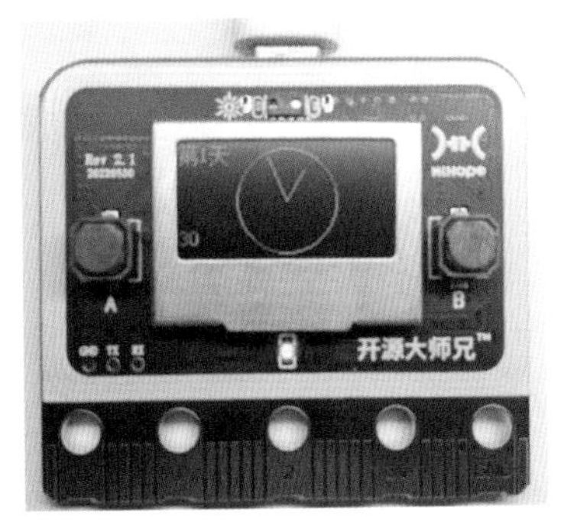

图3.24　计时器的运行效果

3.4.2　功能实现

完成计时器的基础是获取时间，我们有两种获取时间的方式，一种是通过time对象的tick_ms()方法获取系统时间，另一种是直接依靠等待来自己计算时间。相比而言，第一种方式计时较为准确，而第二种方式每次都会比实际的时间多出控制OLED显示的时间，这个误差短时间内看不出来。这里我们对精度没有严格的要求，因此采用第二种方式。

确认了时间的获取方式之后，下面就来实现这个计时器了。

第一步，创建*d*、*h*、*m*、*s*四个变量分别用来保存天、小时、分钟、秒的值。其中天为第一天，因此值为1，其他的值都是0。如图3.25所示。

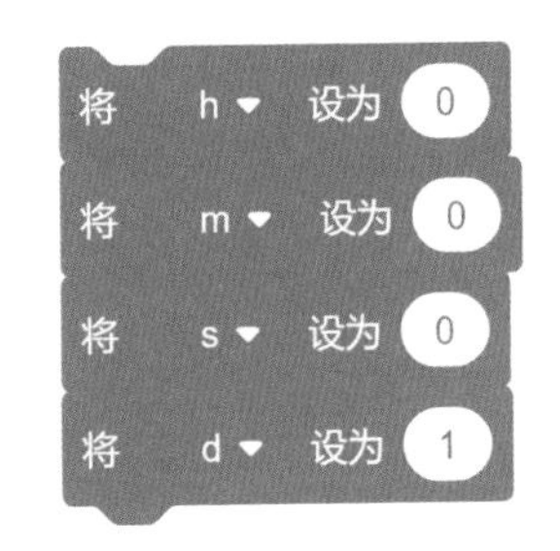

图3.25　创建*d*、*h*、*m*、*s*四个变量

分析图3.24中的效果，其中有五个显示的元素，第一个元素是表示表盘的圆，第二个元素是表示天数的左上角的文本，第三个元素是表示秒的左下角的文本，第四个和第五个元素分别是时针和分针。

第二步，这里表盘和两个文本的显示都比较简单，因此第二步就是绘制表盘（表盘半径为30）以及显示天数和秒数。对应的图形化程序积木块如图3.26所示。

第三步，设定时间的变化。这里简单地处理一下，直接利用等待程序积木来更改*s*的值。当*s*的值为60的时候，则*m*的值加1；而当*m*的值为60的时候，则*h*的值加1；当*h*的值为24的时候，*d*的值加1。对应的图形化程序积木块如图3.27所示。

第四步，绘制分针。这个稍有点麻烦，我们要将分钟的值转换成一条有一定角度的线段。分钟的针要稍微长一些，这里设定为28。简单地换算一下角度，一圈是360°，即2π，对应1小时的60分钟，则一分钟是6°，即π/30，所以分针的角度就是当前的值乘以π/30。有了角度之后，我们还需要通过这个角度得到线段两个端点的坐标，这需要用到三角函数，对应的关系如图3.28所示。

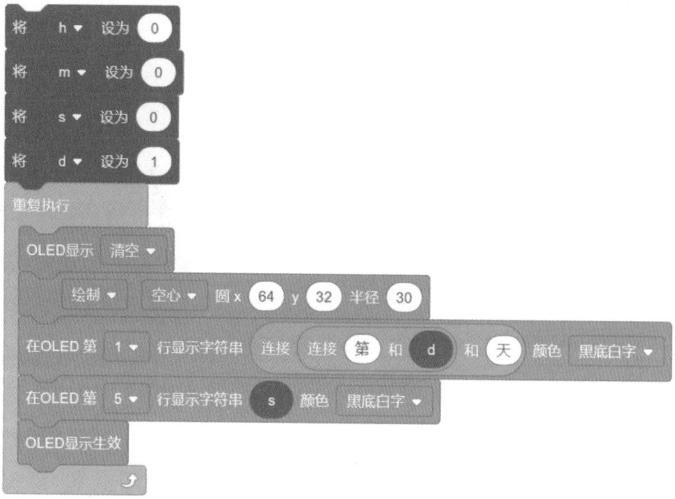

将 h 设为 0
将 m 设为 0
将 s 设为 0
将 d 设为 1
重复执行
OLED显示 清空
绘制 空心 圆 x 64 y 32 半径 30
在OLED 第 1 行显示字符串 连接 连接 第 和 d 和 天 颜色 黑底白字
在OLED 第 5 行显示字符串 s 颜色 黑底白字
OLED显示生效

图3.26　绘制表盘以及显示天数和秒数

OLED显示生效
等待 1 秒
将 s 增加 1
如果 s = 60 那么
将 s 设为 0
将 m 增加 1
如果 m = 60 那么
将 m 设为 0
将 h 增加 1
如果 h = 24 那么
将 h 设为 0
将 d 增加 1

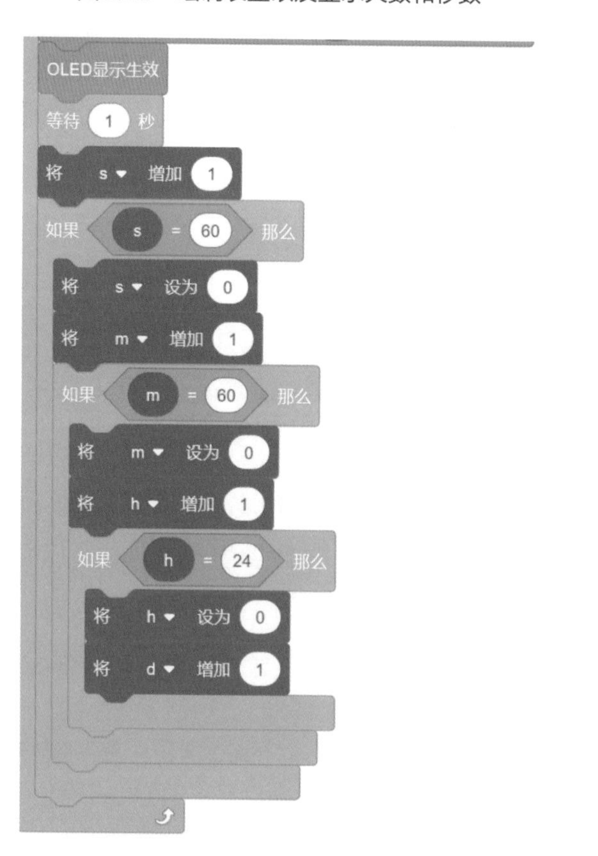

图3.27　设定时间的变化

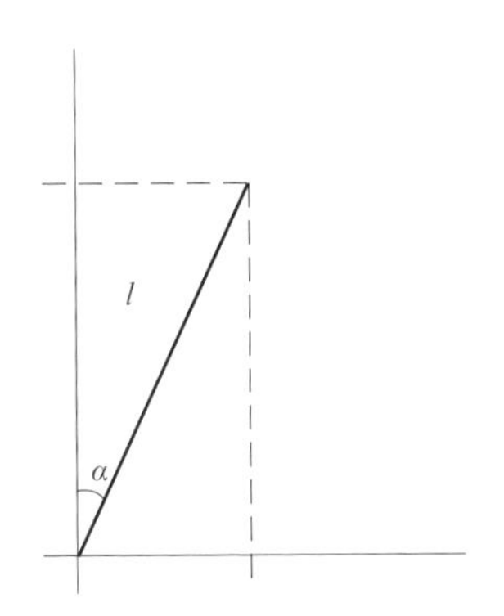

图3.28　获取分针线段的两个端点的坐标值

这里假设角度为α（对于钟表的指针来说上面是0°），线段长度为l。那么线段上面那个点的坐标相对于线段下面这个点的位置就是（$l\times\sin\alpha$，$l\times\cos\alpha$）。而线段下面这个点的位置为（64，32），则能够得到分针另外一个点的坐标为[64+28sin(mπ/30), 32 − 28cos(mπ/30)]。绘制分针使用绘制直线的程序积木，这里计算太多，大家可以自己尝试一下。

第五步，绘制时针。这个过程与绘制分针类似，不同的是角度的计算方法。首先这里只算小时的话，一圈360°对应12个小时，则1小时是30°，即π/6，另外这30°还对应1小时的60分钟，则1分钟是0.5°，即π/360，因此时针的角度就是 h × π/6+m × π/360。则假如时针的长度为20的话，时针的另外一个点的坐标为[64 +20sin(h%12π/6+mπ/360), 32 −20cos(h%12π/6+mπ/360)]。绘制时针的程序积木大家也可以自己尝试一下，这里就不单独展示了。

完成时针的绘制，计时器的示例就算完成了。对应的图形化程序积木块如图3.29所示。

目前计时器的表盘只有一个圆圈，这样显示时间很不直观，还可以在表盘的一圈加上12个刻度指示。具体的方式就是从中心开始画12条等角度的发散线段，然后中间用黑色实心圆覆盖。

3.4.3　文本代码分析

分析一下代码，图3.29的计时器的程序积木块对应的文本代码如下。

```
import math
from device import OLED
oled = OLED(0x3c)
```

图3.29 计时器对应的图形化程序积木块

```
import time
d = 0
h = 0
m = 0
s = 0
angleH = 0

h = 0
m = 0
s = 0
d = 1
while True:
  oled.fill_screen(0)
  oled.draw_circle(64, 32, 30, 1)
  oled.show_str_line(str(str(str('第') + str(d)) + str('天')),1,1)
  oled.line(64, 32,
          math.ceil((64 + (28 * math.sin(((math.pi * m) / 30))))),
          math.ceil((32 - (28 * math.cos(((math.pi * m) / 30))))), 1)
  angleH = (((h%12 * math.pi) / 6) + ((m * math.pi) / 360))
  oled.line(64, 32,
          math.ceil((64 + (20 * math.sin(angleH)))),
          math.ceil((32 - (20 * math.cos(angleH)))), 1)
  oled.show_str_line(str(s),5,1)
  oled.flush()

  time.msleep(1000);

  s = s + 1
  if(s == 60) :
    s = 0
    m = m + 1
    if(m == 60) :
      m = 0
      h = h + 1
      if(h == 24) :
        h = 0
        d = d + 1
```

这段代码可以主要看一下绘制时针、分针的地方，代码中π写为math.pi。另外，为了让语句稍短一些，还专门创建了一个变量angleH，用来保存时针的角度，其余内容就比较好理解了，可以参照之前的步骤描述理解。

目前这个计时器的示例无法表示小时的时间是大于12还是小于12，大家可以自己增加一部分指示的信息来表示，可以是图像，也可以是文字。

3.5 显示自定义图片

延续OLED显示屏的操作的内容，本节将介绍如何显示自定义的图片。

3.5.1 处理图片

参照OLED类的对象方法我们能够猜测到，显示自定义图片需要使用方法bit_map(x，y，w，h，color，bitmap)。而在图形化编程形式中，使用的程序积木如图3.30所示。

图3.30 显示自定义图片使用的程序积木

这个程序积木在OLED相关程序积木的最后。对比一下能够发现，方法bit_map(x，y，w，h，color，bitmap)需要六个参数，分别是图像左上角的x坐标、图像左上角的y坐标、图像的宽度、图像的高度、线的颜色（0表示白底黑线，1表示黑底白线）以及位图的字节数组，但图形化编程形式的程序积木只有三个参数，分别是图像左上角的x坐标、图像左上角的y坐标以及位图的字节数组。通过查看文本代码也能确定就是使用的方法bit_map(x，y，w，h，color，bitmap)，那这两者之间是如何对应的？我们可以通过实际的操作来体会一下。

由于大师兄板的OLED显示屏是单色的，只能显示单色的图片，因此首先从网络上找一张单色的图片，这里我们找了一张电话的图片，图片名为phone.jpg，如图3.31所示。

一定要注意图片本身的尺寸，比如这张表示电话的图示图片，虽然中间黑色的电话是竖长的，但整张图片却是方的。

图3.31 电话的图片

图片找好之后回到PZStudio，将图3.30的程序积木拖曳到程序区，这里自定义图片的显示位置就默认为左上角(0，0)，然后单击最后的“导入图片”下拉按钮。此时由于没有导入过任何图片，所以下拉菜单中只有一个“导入图片”选项，如图3.32所示。

图3.32　下拉菜单中只有一个“导入图片”选项

单击下拉菜单中的“导入图片”，则会弹出一个图片选择对话框，如图3.33所示。这里先要选择图片。单击“选择图片”按钮，在弹出的文件选择对话框中找到图片文件phone.jpg，然后输入图片的宽度和高度，如图3.34所示。

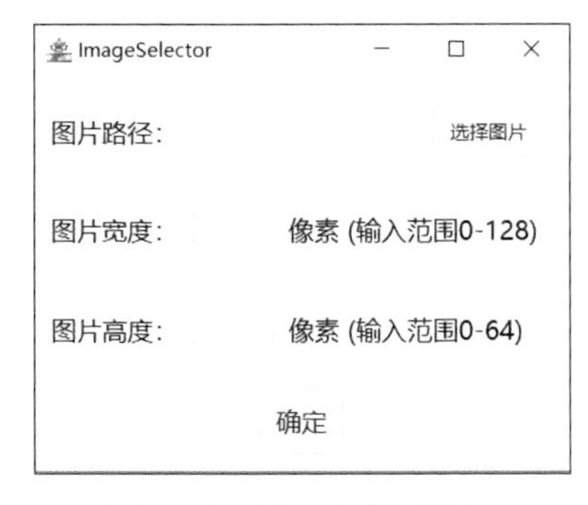

图3.33　图片选择对话框

图3.34　选择图片并填写参数

这里的高度和宽度是指图片显示在OLED显示屏上的高度和宽度，这两个参数就对应了方法bit_map(x，y，w，h，color，bitmap)中的参数w和h。由于这里图片phone.jpg是方的，所以高度和宽度都设置的是64，如果这里的两个值和图片本身大小的值比例不一致，很可能就会使显示的图片变形。

图片文件以及大小都确定之后，单击“确定”按钮，此时PZStudio软件就会将图片按照设定的大小转换成位图的字节数组填入方法bit_map(x，y，w，h，color，bitmap)的最后一个参数。同时再单击“导入图片”下拉按钮，就会从下拉菜单中看到新导入的图片文件，如图3.35所示，这里显示的图片名为导入图片

图3.35　“导入图片”下拉菜单

的图片名加上大小。选择新导入的文件，则程序积木如图3.36所示。

图3.36 选择新导入的图片文件

3.5.2 显示图片

图片处理好之后，再加上显示生效的程序积木，显示自定义图片的示例就算完成了，如图3.37所示。将程序刷入之后就能在大师兄板的OLED显示屏上看到对应的表示电话的图片了，如图3.38所示。

图3.37 显示自定义图片的示例

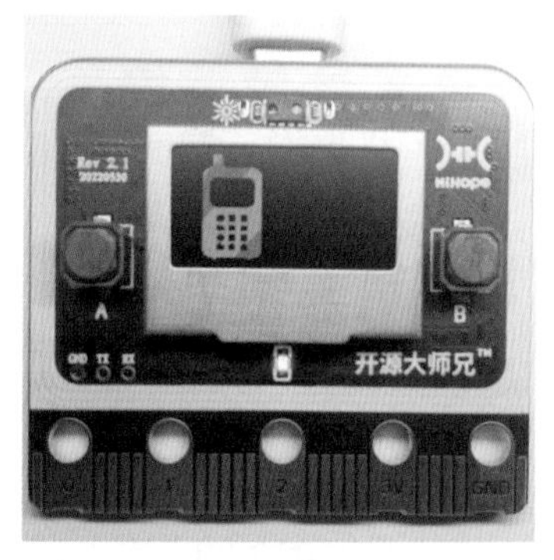

图3.38 在大师兄板上显示自定义图片

3.5.3 显示动画

动画效果可以理解为多张图片的动态切换。假如要在OLED显示屏上显示一个手机图标由小变大，再由大变小的效果，那么首先要在导入图片时设置不同的图片大小，如图3.39所示。

这里通过三张图片（小、中、大）来展示手机图标的动态效果，注意在导入图片时虽然使用的是同一张原图，但由于设置的图片大小不同（大小分别为16×16、40×40、64×64），因此需要进行多次的导入图片操作，且导入图片后，在PZStudio当中属于不同的图片资源。

图片资源准备好之后，对应显示动画的程序积木块如图3.40所示。

图3.39　在导入图片时设置不同的图片大小

图3.40　在OLED显示屏上显示动画效果

这里显示图片的顺序为小、中、大、中，然后会回到循环的开始变为小。每张图片的显示时间为0.2 s。另外，在显示位置上，为了让图片在OLED显示屏的中间变大变小，因此需要计算一下图片显示的坐标。

OLED显示屏的中心位置为（64，32），因此对于16×16的图片来说，其左上角的坐标就是中心位置减去半个图片大小，即（64−8，32−8）。同理，可得到40×40的图片其左上角的坐标为（64−20，32−20），而64×64的图片其左上角的坐标为（64−32，32−32）。

将程序刷入大师兄板之后，就能在OLED显示屏的中间看到不断变化的手机图标，这是一个来电提醒的效果。

至此，关于OLED显示屏的操作，就暂时告一个段落了，下一章将介绍大师兄板的另一个主要功能。

第 4 章

蜂鸣器发声

OpenHarmony

在第2章中我们知道在大师兄板的背面有一个蜂鸣器，通过这个蜂鸣器能够发出声音，甚至可以播放音乐。本章就将围绕蜂鸣器展开。

4.1 声音与音阶

4.1.1 什么是声音

声音是由物体振动产生的一种波，这种波可以通过介质（气体、固体或液体）传播并能被人或动物的听觉器官所感知。当演奏乐器、拍打门或者敲击桌面时，它们的振动会引起介质——空气分子有节奏地振动，使周围的空气产生疏密变化，形成疏密相间的纵波，这就产生了声波，这种现象会一直延续到振动消失为止。最初发出振动的物体叫声源。物体在1 s之内振动的次数叫作频率，单位是Hz。频率在20 Hz ~ 20 kHz之间的声音可以被人耳识别，但人耳最敏感的是1 ~ 3 kHz之间的声音。超过听力范围的声音叫作超声波，低于听力范围的声音叫作次声波。

4.1.2 蜂鸣器发声

蜂鸣器是一种能够振荡发声的电子元件。在PZStudio中专门有控制蜂鸣器的程序积木，如图4.1所示。

利用这几个程序积木控制蜂鸣器发声比较简单，在图4.1中就实现了一个让蜂鸣器响1 s的例子。运行“打开蜂鸣器”的程序积木，大师兄板的蜂鸣器就会发声，等待1 s之后，运行“关闭蜂鸣器”的程序积木，大师兄板的蜂鸣器就不响了。对应的文本代码如下。

```
from device import BEEP
beep = BEEP()
import time

beep.on()
time.msleep(1000);
beep.off()
```

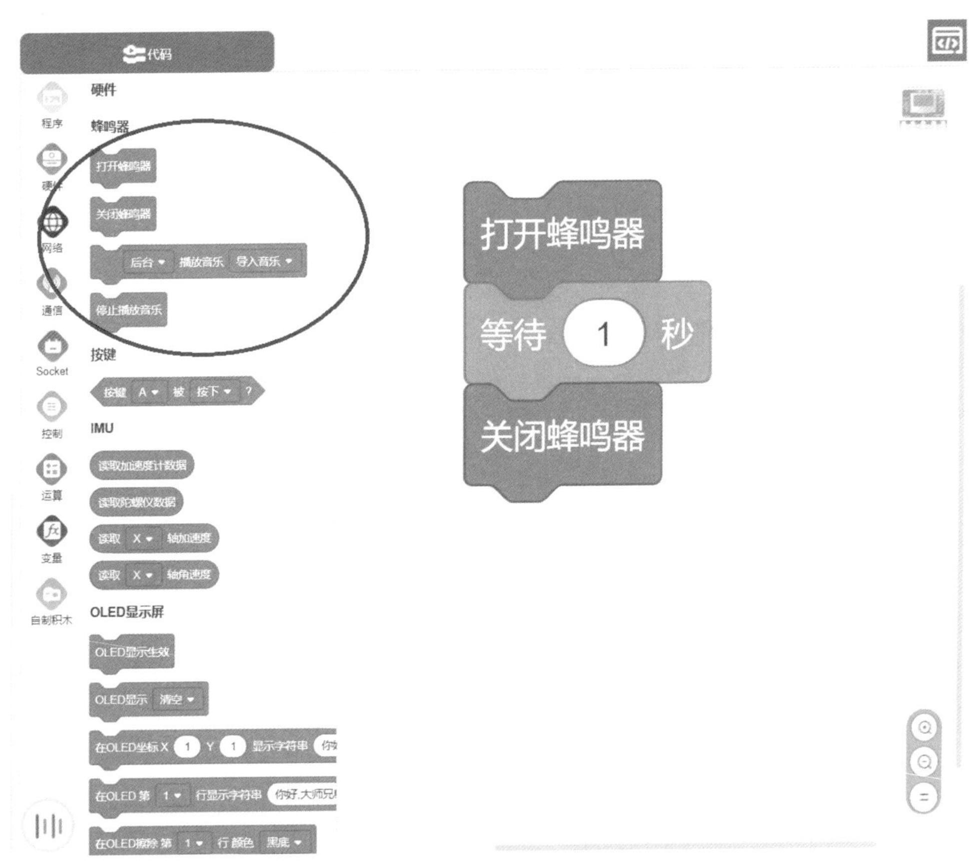

图4.1　PZStudio中专门控制蜂鸣器的程序积木

在device库中包含控制蜂鸣器的BEEP类，因此上述代码中先导入BEEP类，然后生成一个BEEP类的对象beep。接着使用了beep对象的on()方法让蜂鸣器发声，以及beep对象的off()方法让蜂鸣器停止发声。除了on()和off()方法之外，beep对象还有一个player(music,mode)方法。该方法的功能是让蜂鸣器播放单音的音乐，方法参数说明如下。

player(music,mode)	
参数	说明
music	单音音乐数组
mode	播放模式。参数为0表示不用等待音乐播放完，在程序积木中显示为“后台”；参数为1表示等待音乐播放完，在程序积木中显示为“前台”

与player(music,mode)方法相对的还有一个stop()方法，功能是停止播放音乐。

4.2 播放音乐

4.2.1 音阶

在控制大师兄板播放音乐之前，我们先来了解一下音阶的概念。

声音的高低叫作音调，音调主要由声音的频率决定。对一定强度的纯音，音调随频率的升降而升降。我们通常用1、2、3、4、5、6、7（Do、Re、Mi、Fa、Sol、La、Si）或是C、D、E、F、G、A、B来表示音调的高低。其中每一个符号表示一个频率值，这些频率值是按照阶梯状递增排列的，因此这样的符号就称为音阶。

理论上来说只要是频率值按照由低到高或者由高到低以阶梯状排列起来的都叫作音阶，所以说1、2、3、4、5、6、7（Do、Re、Mi、Fa、Sol、La、Si）或是C、D、E、F、G、A、B这样的符号只是世界上众多音阶中的一种，称为自然七声音阶。这是一种使用最广泛的音阶形式，我们常看到的乐谱基本都是用自然七声音阶来表示的。那么这种形式中各个音阶与频率值的对应关系是什么呢？

如果要回答这个问题，还需要了解一个概念——十二平均律。十二平均律又称“十二等程律”，是一种音乐定律方法，简单来讲就是将一个八度音程（八度音指的是频率加倍）按频率比例地分成十二等份（注意不是线性的），每等份称为一个半音，半音是十二平均律组织中最小的音高距离，全音由两个半音组成。钢琴就是根据十二平均律定音的，大家肯定都注意到了钢琴的琴键是黑白相间的，如图4.2所示。

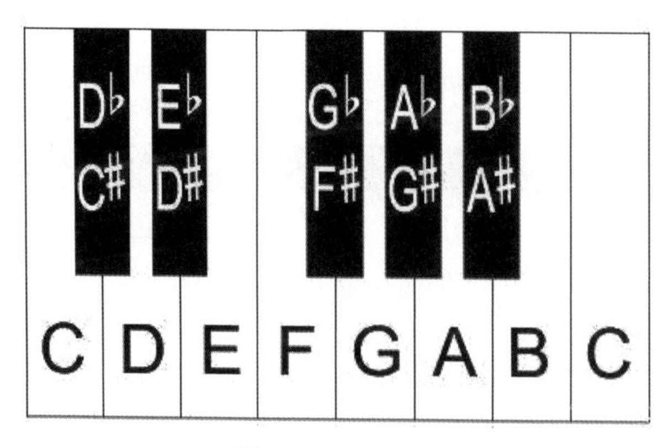

图4.2　钢琴琴键

其中，白键C（Do）和D（Re）之间是一个全音，所以其中有一个黑键，可以表示为D^b或$C^\#$，这个音与C和D各相差一个半音。白键D（Re）和E（Mi）之间也是一个全音，所以其中也有一个黑键，可以表示为E^b或$D^\#$，这个音与D和E各相差一个半音。之后白键E（Mi）和F（Fa）之间是一个半音，所以其中没有黑键。再往后的情况类似，F和G之间、G和A之间、A和B之间都是全音，而B和下一个八度音程的C之间是一个半音。

国际标准音规定，钢琴中音A的频率是440 Hz；又规定每相邻半音的频率比值为2的十二分之一次方，约为1.059463，依据这两个数值，我们就可以得到每一个音阶的频率，如表4.1所示（这里只列出了低音、中音、高音三个八度音程）。

表4.1　音调与频率对照表

低音	C	131	中音	C	262 Hz	高音	C	523 Hz
	$C^\#$	139		$C^\#$	277 Hz		$C^\#$	554 Hz
	D	147		D	294 Hz		D	587 Hz
	$D^\#$	156		$D^\#$	311 Hz		$D^\#$	622 Hz
	E	165		E	330 Hz		E	659 Hz
	F	175		F	349 Hz		F	698 Hz
	$F^\#$	185		$F^\#$	370 Hz		$F^\#$	740 Hz
	G	196		G	392 Hz		G	784 Hz
	$G^\#$	208		$G^\#$	415 Hz		$G^\#$	831 Hz
	A	220		A	440 Hz		A	880 Hz
	$A^\#$	233		$A^\#$	466 Hz		$A^\#$	932 Hz
	B	247		B	494 Hz		B	988 Hz

4.2.2　宫、商、角、徵、羽

宫、商、角（jué）、徵（zhǐ）、羽是我国古乐的五个基本音阶，是古人依发音部位对声音的分类和表记方式。按照发音部位的对应顺序是：宫——喉音、商——齿音（口腔后半部分）、角——牙音（口腔前半部分）、徵——舌音、羽——唇音。宫、商、角、徵、羽相当于七声音阶的C（Do，宫）、D（Re，商）、E（Mi，角）、G（Sol，徵）、A（La，羽）。

最早的宫、商、角、徵、羽的名称见于距今2600余年的春秋时期，在《管子·地员篇》中，有采用数学运算方法获得宫、商、角、徵、羽五个音的科学办法，这就是“三分损益法”。

三分损益法简单来说分为两步，第一步通过一根弦减少三分之一来获得比原弦音高要高的音（三分损一），第二步把新的音延长其三分之一来获得比新音高低的音（三分益一），两步合起来就称为三分损益法。

我们以中音C的262 Hz来举例，这个音就相当于是宫。第一次计算三分损一，相当于新的弦是老的弦的三分之二，则得到新的声音频率为$262 \times 3/2 = 393$，参照表4.1能知道这个音对应的是G，相当于徵；第二次计算三分益一，则得到新的声音频率为$393 \div 4/3 \approx 294$（如果将弦延长其三分之一，那么老的弦相当于是新的弦的四分之三），参照表4.1能知道这个音对应的是D，相当于商；第三次计算三分损一，则得到新的声音频率为$294 \times 3/2 = 441$，参照表4.1能知道这个音对应的是A，相当于羽；第四次计算三分益一，则得到新的声音频率为$441 \div 4/3 \approx 330$，参照表4.1能知道这个音对应的是E，相当于角。这样通过两次的三分损益法就得到了宫、商、角、徵、羽这五个音。

说明

其实我国古乐的音阶中还有$F^{\#}$和B。我们接着上面计算宫、商、角、徵、羽频率的内容继续，如果将角三分损一，则得到B，将B三分益一则得到$F^{\#}$。再往后计算就到下一个八音了，因此就不往下计算了。而这两个音中，由于B和下一个八音的C（宫）比较近（一个半音，古乐中称B为“变宫”），而$F^{\#}$和G（徵）比较近（古乐中称$F^{\#}$为“变徵”），又或者五音与五行暗合，因此这两个音没有单独的名字。

4.2.3 音符格式

在PZStudio当中，可以使用固定格式的编码来表示不同的音调及音符时值。这个格式中每个音由两部分组成，第一部分为音调，第二部分为音符时值，两个部分之间用逗号分隔。另外，两个音之间也通过逗号分隔，而所有的信息都是十六进制的字符化表示。

音调部分只考虑高音、中音、低音三个八度音程。低音的七个音程（Do、Re、Mi、Fa、Sol、La、Si）分别表示为0x0B、0x0C、0x0D、0x0E、0x0F、0x10、0x11，中音的七个音程分别表示为0x15、0x16、0x17、0x18、0x19、0x1A、0x1B，而高音的七个音程分别表示为0x1F、0x20、0x21、0x22、

0x23、0x24、0x25。

音符时值中全音符、二分音符、四分音符、八分音符、十六分音符分别表示为0x00、0x01、0x02、0x03、0x04，而简谱中表示前面一个音延长一半时间的小黑点则是通过在前面的音符时值符号中增加0x64来实现的。例如，二分音符后面如果有小黑点，则音符时值表示为0x65。

参照这个音符格式说明，可以尝试将一段简单的音乐用这种音符格式写出来。首先在网上找一段音乐的简谱，如《两只老虎》，如图4.3所示。

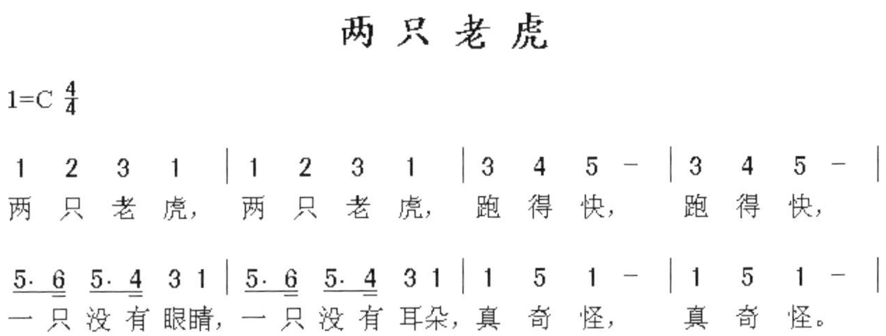

两 只 老 虎

1=C 4/4

1 2 3 1 | 1 2 3 1 | 3 4 5 – | 3 4 5 – |
两 只 老 虎， 两 只 老 虎， 跑 得 快， 跑 得 快，

5· 6 5· 4 3 1 | 5· 6 5· 4 3 1 | 1 5 1 – | 1 5 1 – |
一 只 没 有 眼睛，一 只 没 有 耳朵，真 奇 怪， 真 奇 怪。

图4.3 《两只老虎》的简谱

在beep对象的player(music，mode)方法中，参数music要求是一个列表，因此如果将《两只老虎》中所有的音调及音符时值的符号（简称为音符列表）放在一对方括号中，则对应曲谱的内容如下。

```
[0x15,0x02, 0x16,0x02, 0x17,0x02, 0x15,0x02, 0x15,0x02,0x16,0x02,
0x17,0x02, 0x15,0x02, 0x17,0x02, 0x18,0x02,0x19,0x01, 0x17,0x02,
0x18,0x02, 0x19,0x01, 0x19,0x67,0x1A,0x04, 0x19,0x67, 0x18,0x04,
0x17,0x02, 0x15,0x02, 0x19,0x67, 0x1A,0x04, 0x19,0x67, 0x18,0x04,
0x17,0x02, 0x15,0x02, 0x15,0x02, 0x19,0x02, 0x15,0x01, 0x15,0x02,
0x19,0x02, 0x15,0x01]
```

4.2.4 播放音符列表

有了音符列表之后，本小节我们就利用大师兄板演奏这一小段音乐。如果采用图形化编程的形式，可以选择播放音乐的程序积木，将其拖曳到PZStudio的程序区，如图4.4所示。

在这个程序积木中有一个“导入音乐”的下拉菜单，这说明需要导入外部的文件，因此我们要将之前的音符列表保存成一个单独的文件。

图4.4　添加播放音乐的程序积木

在任意的文件夹中创建一个txt文件，然后将音调及音符时值的符号放在一对大括号中存入文件，如下所示。

```
{0x15,0x02, 0x16,0x02, 0x17,0x02, 0x15,0x02, 0x15,0x02,0x16,0x02,
0x17,0x02, 0x15,0x02, 0x17,0x02, 0x18,0x02,0x19,0x01, 0x17,0x02,
0x18,0x02, 0x19,0x01, 0x19,0x67,0x1A,0x04, 0x19,0x67, 0x18,0x04,
0x17,0x02, 0x15,0x02, 0x19,0x67, 0x1A,0x04, 0x19,0x67, 0x18,0x04,
0x17,0x02, 0x15,0x02, 0x15,0x02, 0x19,0x02, 0x15,0x01, 0x15,0x02,
0x19,0x02, 0x15,0x01}
```

接着回到PZStudio，单击播放音乐程序积木中的“导入音乐”下拉按钮，如图4.5所示。

图4.5　单击播放音乐程序积木中的“导入音乐”下拉按钮

此时由于没有导入过任何音乐，所以下拉菜单中只有一个“导入音乐”选项。单击下拉菜单中的“导入音乐”，则会弹出一个文件选择对话框，找到之前创建的txt文件，在弹出的对话框中选择“打开”，则音符列表就会被导入到PZStudio当中。此时再单击播放音乐程序积木中的“导入音乐”下拉按钮，就会看到新导入的音乐文件，如图4.6所示（这里之前创建的txt文件名为music.txt）。选择新导入的文件，则程序积木如图4.7所示。

将程序刷入之后就能听到大师兄板演奏《两只老虎》了。对应的文本代码如下。

图4.6 “导入音乐”下拉菜单

图4.7　选择新导入的音乐文件

```
from device import BEEP
beep = BEEP()

beep.player(
    bytes([0x15,0x02,0x16,0x02,0x17,0x02,0x15,0x02,0x15,0x02,0x16,0x02,
        0x17,0x02,0x15,0x02,0x17,0x02,0x18,0x02,0x19,0x01,0x17,0x02,
        0x18,0x02,0x19,0x01,0x19,0x67,0x1A,0x04,0x19,0x67,0x18,0x04,
        0x17,0x02,0x15,0x02,0x19,0x67,0x1A,0x04,0x19,0x67,0x18,0x04,
        0x17,0x02,0x15,0x02,0x15,0x02,0x19,0x02,0x15,0x01,0x15,0x02,
        0x19,0x02,0x15,0x01]),
    0)
```

这段代码中，

```
bytes([0x15,0x02,0x16,0x02,0x17,0x02,0x15,0x02,0x15,0x02,0x16,0x02,
    0x17,0x02,0x15,0x02,0x17,0x02,0x18,0x02,0x19,0x01,0x17,0x02,
    0x18,0x02,0x19,0x01,0x19,0x67,0x1A,0x04,0x19,0x67,0x18,0x04,
    0x17,0x02,0x15,0x02,0x19,0x67,0x1A,0x04,0x19,0x67,0x18,0x04,
    0x17,0x02,0x15,0x02,0x15,0x02,0x19,0x02,0x15,0x01,0x15,0x02,
    0x19,0x02,0x15,0x01])
```

就是player(music，mode)方法中的第一个参数，之后的0是方法的第二个参数，这表明不用等待音乐播放完，程序就会接着向后执行。

当我们希望重复播放音乐的时候，一定要注意player(music，mode)方法的第二个参数。假设我们将图4.7的程序积木放在一个“重复执行”的程序积木中，那么当程序刷入大师兄板之后，由于会不断地重复运行播放音乐的程序积木，因此实际上就只能不断地听到乐曲开头的第一个音。

4.3 示例：制作音乐盒

了解了大师兄板如何播放音乐之后，本节我们来制作一个音乐盒。

4.3.1 功能描述

音乐盒实现的功能就是在播放音乐的同时在大师兄板的OLED显示屏上以反显的形式显示播放的曲名，同时还会以正常的形式（黑底白字）显示上一首和下一首曲名，效果如图4.8所示。

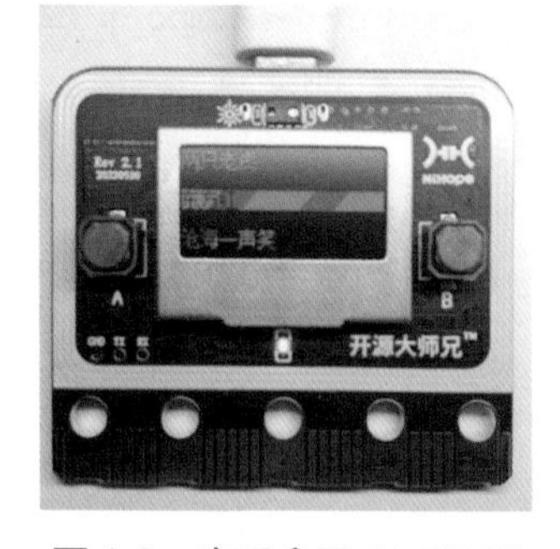

图4.8 音乐盒子OLED显示屏上显示的效果

4.3.2 MusicEncode

如果每首乐曲的音符列表都需要人工按照音符格式一个一个音符地来完成，那光是完成音乐的音符列表就已经把人累趴下了，因此在开始实现音乐盒之前，要先介绍一款编码软件——MusicEncode。

MusicEncode是一款针对单音音乐编码的绿色软件，可以在开源大师兄项目官方网站上的下载页中下载，如图4.9所示。

下载的文件是一个压缩包，将文件解压后会得到一个名为MusicEncode.exe的可执行文件，双击该执行文件就能打开MusicEncode软件，其界面如图4.10所示。

在MusicEncode中，能看到右侧有很多音符，以及在简谱中常见的小黑点、连音符号等。这些音符中，数字上面有点的表示高音音阶符号，数字下面有点的表示低音音阶符号，没有点的表示中音音阶符号，而数字下面有一条杠的表示八分音符，有两条杠的表示十六分音符，没有杠的表示四分音符。只要通过鼠标单击这些音符就能完成一个乐谱的录入。

下面以歌曲《东方红》为例来展示一下如何通过MusicEncode录入乐谱。《东方红》的简谱如图4.11所示。

图4.9　下载MusicEncode

图4.10　MusicEncode的界面

《东方红》的前两个小节的音符分别为四分音符的5，八分音符的5、6，以及四分音符的2和延时符号，因此在Music Encode中分别单击这几个音符，如图4.12所示。

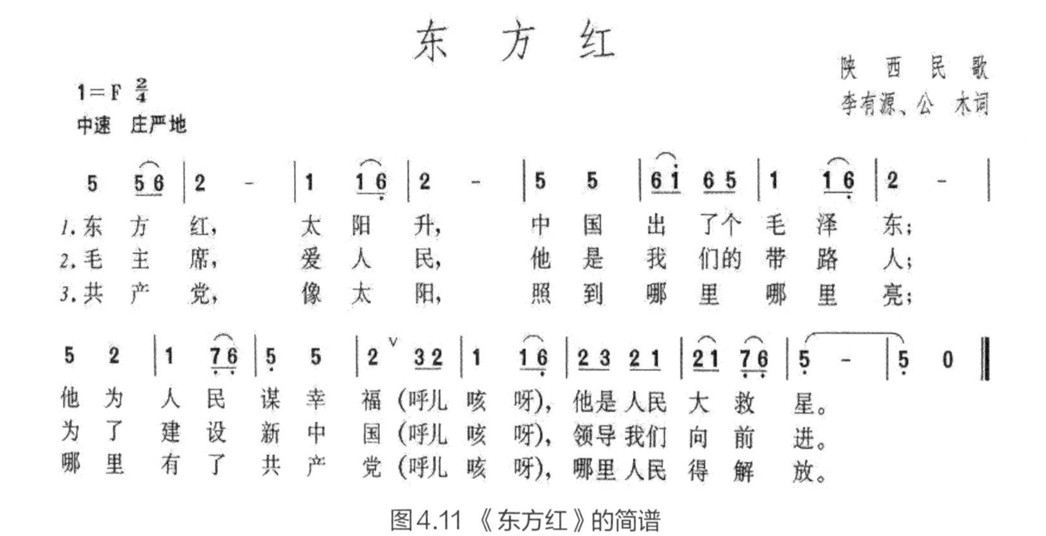

图4.11 《东方红》的简谱

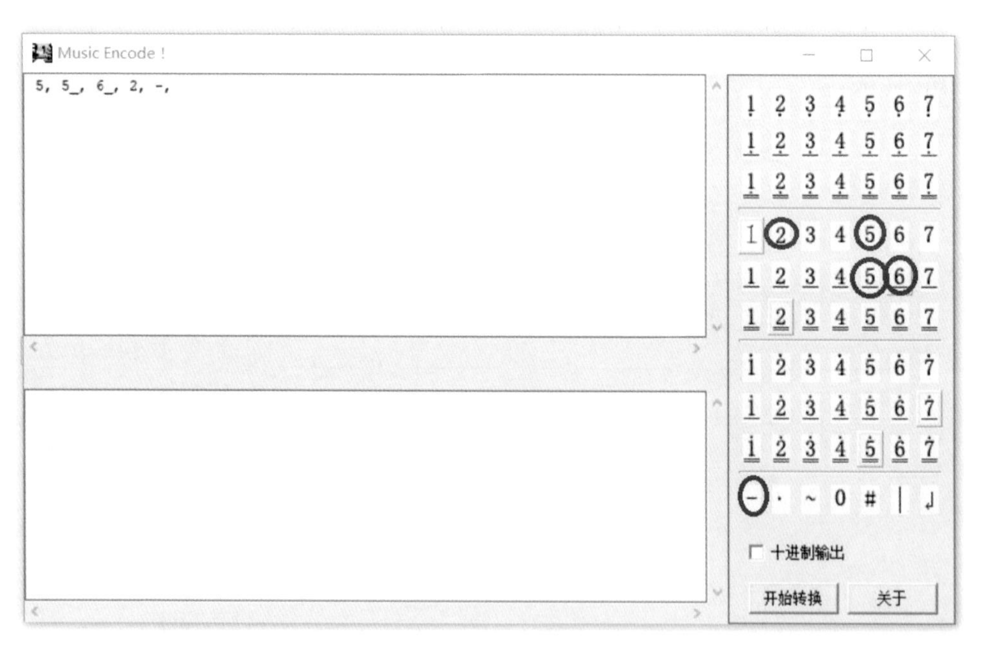

图4.12 在MusicEncode中输入音符

此时能看到在MusicEncode的左上方的空白区域，出现了输入的音符，音符之间用逗号分隔。MusicEncode中用“_”表示音符下方的短线，因此八分音符的5就写成了“5_”。按照类似的操作将整个《东方红》的简谱输入MusicEncode，完成后如图4.13所示。

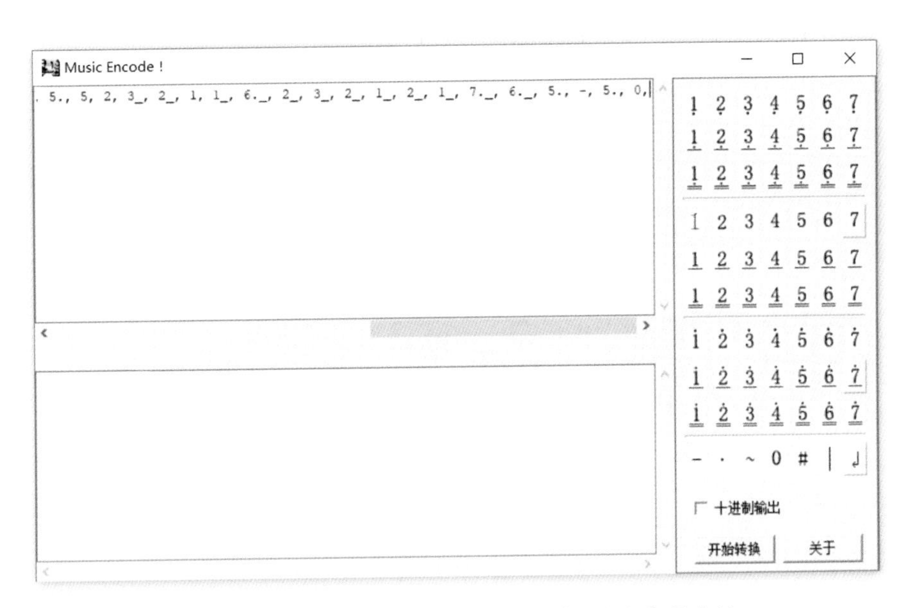

图4.13　在MusicEncode中输入《东方红》的音符

接着单击“开始转换”按钮，就会看到在MusicEncode左下方的空白区域出现了对应的音符编码，如图4.14所示。

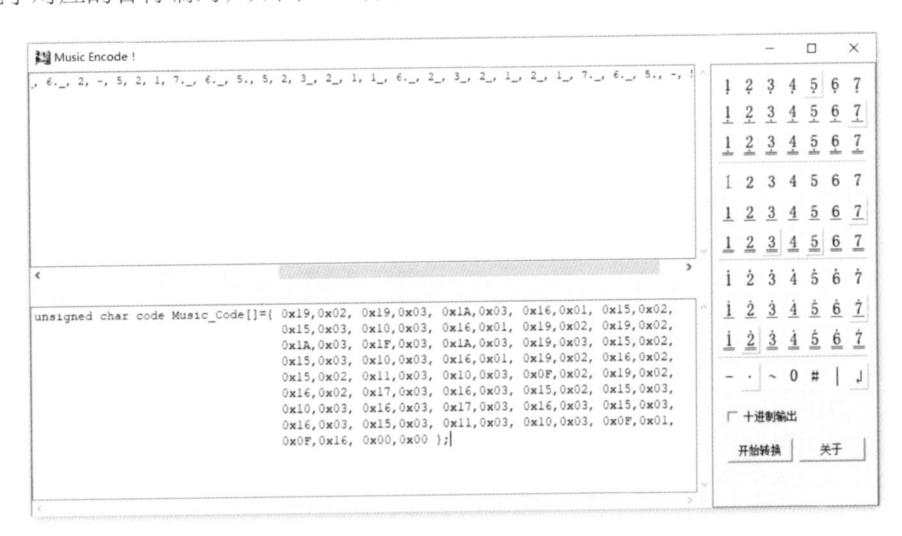

图4.14　在MusicEncode左下方的空白区域出现了对应的音符编码

然后将对应大括号中的内容复制到一个txt文件中，如图4.15所示，这样就成功地将一个简谱制作成了能够供PZStudio导入的音符列表文件。这里将这个txt文件命名为DFH.txt。

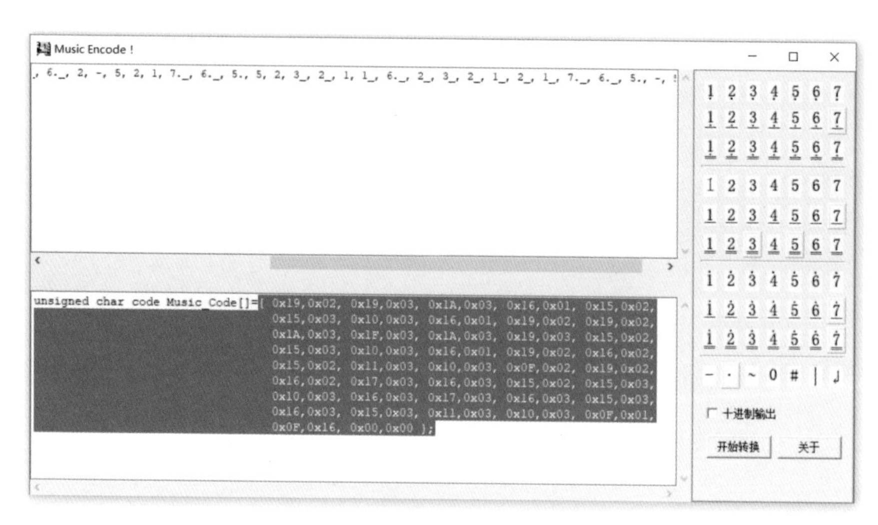

图4.15 复制转换后的音符编码

4.3.3 制作音乐盒

现在我们已经有了《两只老虎》和《东方红》两首乐曲，为了完成音乐盒的示例，我们再准备一首乐曲。这里准备的是《沧海一声笑》，其简谱如图4.16所示。

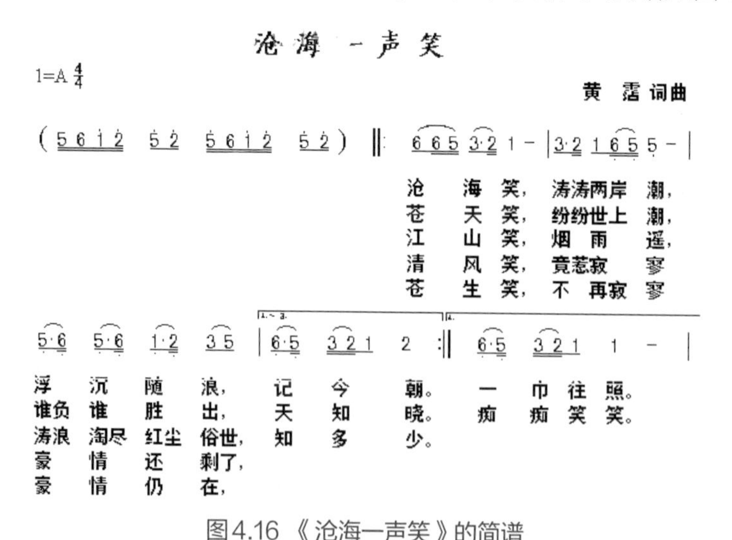

图4.16 《沧海一声笑》的简谱

《沧海一声笑》的谱子和前两首乐曲的谱子有一个很大的不同。前两首乐曲各自的每一段旋律都是一样的，但《沧海一声笑》结尾的旋律有两种，因此这里将整首曲子分为了三个部分：第一个部分是前面旋律一样的部分，第二个部分是结尾旋律1，第三个部分是结尾旋律2。按照上一节的操作制作音符列表文件，将三个文件分别命名为CHXnotes.txt、CHXend1.txt和CHXend2.txt（制作音符列表文件的操作这里就不具体展示了）。

音符列表文件制作好之后，可以先将这些文件都导入到PZStudio当中，如图4.17所示，此时再在播放音乐的程序积木中的“导入音乐”下拉菜单中就会看到导入的文件。

图4.17　在播放音乐的程序积木中能看到多个文件

下面先来顺序播放三首乐曲，对应的图形化程序积木块如图4.18所示。

在图4.18中，《沧海一声笑》乐曲重复了五次，其中前三次播放结尾旋律1，后两次播放结尾旋律2。另外，每首乐曲播放完之后等待了1 s，作为乐曲之间的间隔。

可以先刷入程序看看乐曲是否能够正常播放。如果乐曲播放没问题，那就可以加入曲名显示的程序积木了。对应的图形化程序积木块如图4.19所示。

这样，这个简单的只有三首乐曲的音乐盒就完成了。

4.3.4　文本代码分析

图4.19的程序积木块对应的文本代码如下。

```
from device import OLED
oled = OLED(0x3c)
from device import BEEP
beep = BEEP()
import time
```

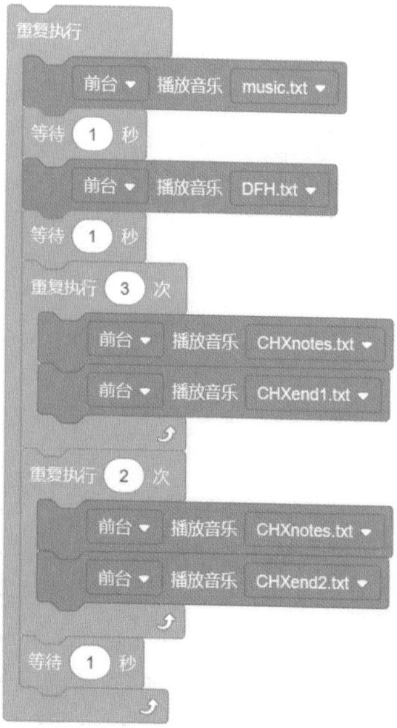

重复执行
前台 播放音乐 music.txt
等待 1 秒
前台 播放音乐 DFH.txt
等待 1 秒
重复执行 3 次
前台 播放音乐 CHXnotes.txt
前台 播放音乐 CHXend1.txt
重复执行 2 次
前台 播放音乐 CHXnotes.txt
前台 播放音乐 CHXend2.txt
等待 1 秒

图4.18　顺序播放三首乐曲

重复执行
OLED显示 清空
在OLED擦除 第 3 行 颜色 白底
在OLED 第 1 行显示字符串 沧海一声笑 颜色 黑底白字
在OLED 第 3 行显示字符串 两只老虎 颜色 白底黑字
在OLED 第 5 行显示字符串 东方红 颜色 黑底白字
OLED显示生效
前台 播放音乐 music.txt
等待 1 秒
OLED显示 清空
在OLED擦除 第 3 行 颜色 白底
在OLED 第 1 行显示字符串 两只老虎 颜色 黑底白字
在OLED 第 3 行显示字符串 东方红 颜色 白底黑字
在OLED 第 5 行显示字符串 沧海一声笑 颜色 黑底白字
OLED显示生效
前台 播放音乐 DFH.txt
等待 1 秒
OLED显示 清空
在OLED擦除 第 3 行 颜色 白底
在OLED 第 1 行显示字符串 东方红 颜色 黑底白字
在OLED 第 3 行显示字符串 沧海一声笑 颜色 白底黑字
在OLED 第 5 行显示字符串 两只老虎 颜色 黑底白字
OLED显示生效
重复执行 3 次
前台 播放音乐 CHXnotes.txt
前台 播放音乐 CHXend1.txt
重复执行 2 次
前台 播放音乐 CHXnotes.txt
前台 播放音乐 CHXend2.txt
等待 1 秒

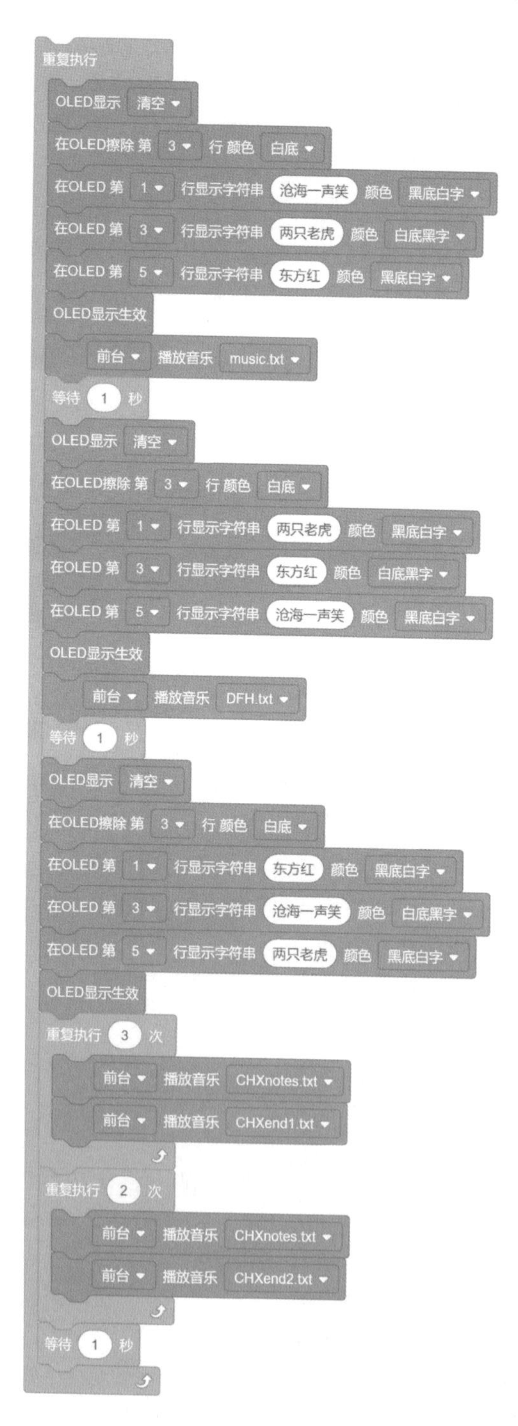

图4.19　音乐盒的图形化程序积木块

```
while True:
  oled.fill_screen(0)
  oled.fill_line(3,1)
  oled.show_str_line(str('沧海一声笑'),1,1)
  oled.show_str_line(str('两只老虎'),3,0)
  oled.show_str_line(str('东方红'),5,1)
  oled.flush()
  beep.player(bytes([0x15,0x02,0x16,0x02,0x17,0x02,0x15,0x02,0x15,0x02,
    0x16,0x02,0x17,0x02,0x15,0x02,0x17,0x02,0x18,0x02,0x19,0x01,
    0x17,0x02,0x18,0x02,0x19,0x01,0x19,0x67,0x1A,0x04,0x19,0x67,
    0x18,0x04,0x17,0x02,0x15,0x02,0x19,0x67,0x1A,0x04,0x19,0x67,
    0x18,0x04,0x17,0x02,0x15,0x02,0x15,0x02,0x19,0x02,0x15,0x01,
    0x15,0x02,0x19,0x02,0x15,0x01,0x00,0x00]),
    1)
  time.msleep(1000);

  oled.fill_screen(0)
  oled.fill_line(3,1)
  oled.show_str_line(str('两只老虎'),1,1)
  oled.show_str_line(str('东方红'),3,0)
  oled.show_str_line(str('沧海一声笑'),5,1)
  oled.flush()
  beep.player(bytes([0x19,0x02,0x19,0x03,0x1A,0x03,0x16,0x01,0x15,0x02,
    0x15,0x03,0x10,0x03,0x16,0x01,0x19,0x02,0x19,0x02,0x1A,0x03,
    0x1F,0x03,0x1A,0x03,0x19,0x03,0x15,0x02,0x15,0x03,0x10,0x03,
    0x16,0x01,0x19,0x02,0x16,0x02,0x15,0x02,0x11,0x03,0x10,0x03,
    0x0F,0x02,0x19,0x02,0x16,0x02,0x17,0x03,0x16,0x03,0x15,0x02,
    0x15,0x03,0x10,0x03,0x16,0x03,0x17,0x03,0x16,0x03,0x15,0x03,
    0x16,0x03,0x15,0x03,0x11,0x03,0x10,0x03,0x0F,0x01,0x0F,0x16,0x00,
0x00]),
    1)
  time.msleep(1000);

  oled.fill_screen(0)
  oled.fill_line(3,1)
  oled.show_str_line(str('东方红'),1,1)
```

```
oled.show_str_line(str('沧海一声笑'),3,0)
oled.show_str_line(str('两只老虎'),5,1)
oled.flush()
for i in range(3):
  beep.player(bytes([0x1A,0x03,0x1A,0x04,0x19,0x04,0x17,0x67,0x16,0x04,
   0x15,0x01,0x17,0x67,0x16,0x04,0x15,0x03,0x1A,0x04,0x19,0x04,
   0x19,0x01,0x19,0x67,0x1A,0x04,0x19,0x67,0x1A,0x04,0x15,0x67,
   0x16,0x04,0x17,0x03,0x19,0x03,0x00,0x00]),
   1)
  beep.player(bytes([0x1A,0x67,0x19,0x04,0x17,0x04,0x16,0x04,0x15,0x03,
   0x16,0x02,0x00,0x00]),
   1)

for i in range(2):
  beep.player(bytes([0x1A,0x03,0x1A,0x04,0x19,0x04,0x17,0x67,0x16,0x04,
   0x15,0x01,0x17,0x67,0x16,0x04,0x15,0x03,0x1A,0x04,0x19,0x04,
   0x19,0x01,0x19,0x67,0x1A,0x04,0x19,0x67,0x1A,0x04,0x15,0x67,
   0x16,0x04,0x17,0x03,0x19,0x03,0x00,0x00]),
   1)
  beep.player(bytes([0x1A,0x67,0x19,0x04,0x17,0x04,0x16,0x04,0x15,0x03,
   0x15,0x01,0x00,0x00]),
   1)
time.msleep(1000);
```

这段代码中，主要使用了用于循环的for命令，for命令中单词for是和in配合使用的，这两个关键字将for命令分成了两个部分，我们先来看in之后的部分。Python要求这部分必须是一个列表，这里这部分的内容是range()函数，这个函数的功能是在一定范围内生成一段数字的列表。range(2)生成的列表是[0，1]，而range(3)生成的列表是[0，1，2]。在for和in之间，for之后必须跟一个变量名，在循环中这个变量每次都会顺序地从后面的列表中取一个值，直到列表中所有的值都取过了。因此，"for i in range(3):"循环了3次，而"for i in range(2):"循环了两次。

了解了for命令之后，大家可以思考一下之前的冒泡泡的例子如果用for循环的话应该怎么实现。

第5章 板载按键及语音识别

OpenHarmony

前两章我们介绍了大师兄板上的OLED显示屏和蜂鸣器，这些都是属于输出的形式，只能单方面展示与发声。其实大师兄板上还有很多可以交互的按键与引脚，其中最直观的就是OLED显示屏两边的两个按键，本章就将围绕板载按键来完成几个示例项目。

5.1 音乐二选一

由于大师兄板正面有两个按键，左侧为按键A，右侧为按键B，所以第一个示例完成一个“音乐二选一”的项目。具体功能就是当大师兄板启动后，会在OLED显示屏上出现两个乐曲的名字，我们可以通过板载按键来选择播放哪一首乐曲。

5.1.1 获取按键的状态

完成“音乐二选一”示例的第一步就是要获取按键的状态。在图形化编程形式中，先找到对应的程序积木，如图5.1所示。

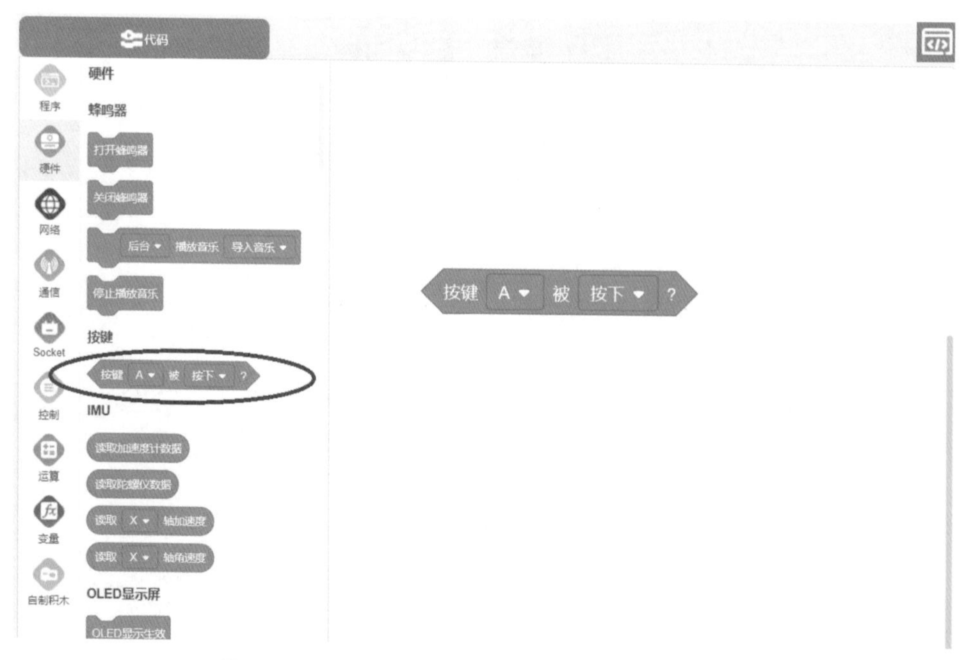

图5.1　图形化编程形式中获取按键状态的程序积木

这里能看到这是一个两头为尖角的程序积木，这说明程序积木返回的是一个值为“真”或“假”的布尔值。可以将这个程序积木放入一个选择结构的程序积木中，如图5.2所示。

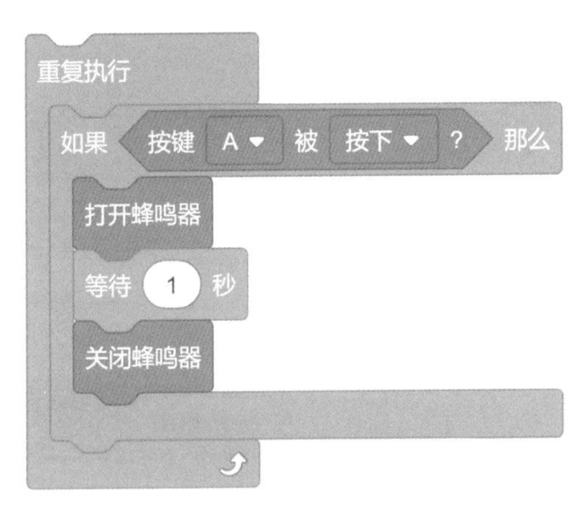

图5.2　将程序积木放于选择结构中

图5.2中实现的功能是当按键A按下，则蜂鸣器响一声。由于程序需要不断地检测按键是否按下，所以外围还需要增加一个“重复执行”的程序积木。

刷入程序运行看看大师兄板能否检测到按下按键的操作，如果没问题的话，可以接着尝试在OLED显示屏上显示按键的状态。直观的想法是直接将控制蜂鸣器的程序积木换成控制OLED显示屏显示的程序积木，如图5.3所示。

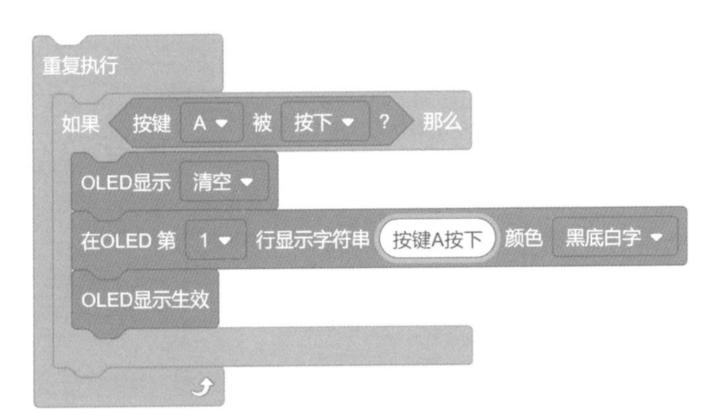

图5.3　在OLED显示屏上显示按键的状态

不过实际上图5.3的程序积木块少了当按键松开时将显示信息变为按键未按下的部分，这样的话当按键按下后，OLED显示屏将一直显示“按键A按下”。因此程序中需要使用带“否则”的选择结构程序积木，如图5.4所示。

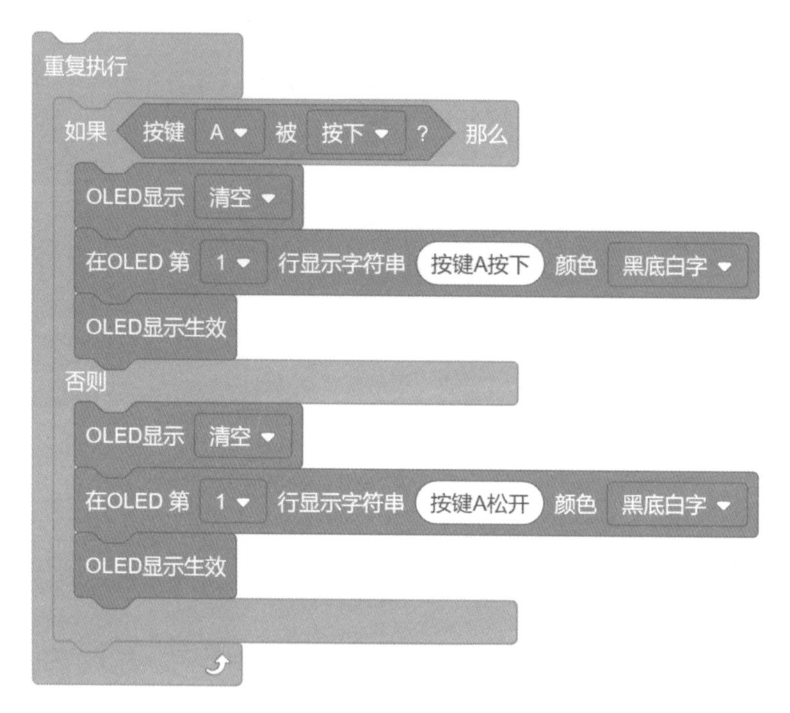

图5.4　调整后在OLED显示屏上显示按键状态的程序积木

刷入程序，此时当按下按键A的时候，OLED显示屏上就会显示“按键A按下”，而当松开按键A的时候，OLED显示屏上就会变成“按键A松开”。

5.1.2　BUTTON类

图5.4的程序积木块对应的文本代码如下。

```
from device import OLED
oled = OLED(0x3c)
from device import BUTTON
btn0 = BUTTON(0)

while True:
  if(btn0.value() == 0) :
    oled.fill_screen(0)
    oled.show_str_line(str('按键A按下'),1,1)
```

```
    oled.flush()
  else:
    oled.fill_screen(0)
    oled.show_str_line(str('按键A松开'),1,1)
    oled.flush()
```

在device库中包含了获取按键状态的BUTTON类，因此代码中先导入BUTTON类，然后生成一个BUTTON类的对象btn0。由于大师兄板上板载了两个按键，所以这里需要用参数表示这个对象对应的是哪个按键，0对应按键A，1对应按键B。

定义对象时是后面的参数决定了对应的是哪个按键，而不是对象名决定的，假如这里对象名为 btn1 或 btnX，它依然对应的是按键 A。

接着使用了btn0对象唯一的方法——value()方法获取按键的状态，方法返回0表示按键按下，而返回1则表示按键未按下。

5.1.3　选择音乐

正确获取并显示按键信息之后，现在就来实现"音乐二选一"的项目。整个实现过程分三步。

第一步，在OLED显示屏上显示选择音乐的信息，如图5.5所示。这里使用了两首上一章中添加的音乐，对应的程序积木块如图5.6所示。

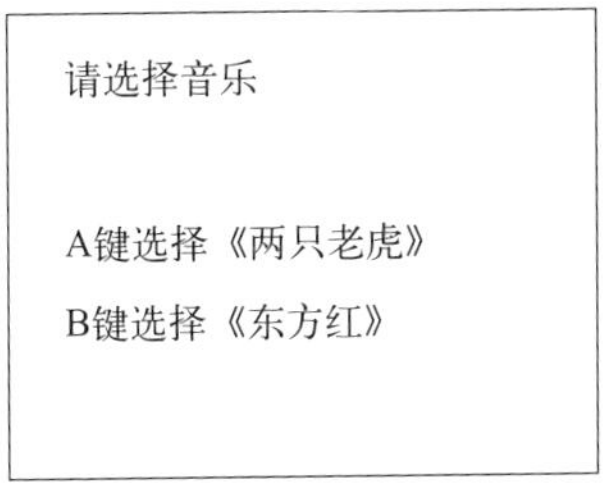

图5.5　在OLED显示屏上显示选择音乐的信息

第二步，增加两个选择结构的程序积木，分别对应A键按下和B键按下，对应的程序积木块如图5.7所示。

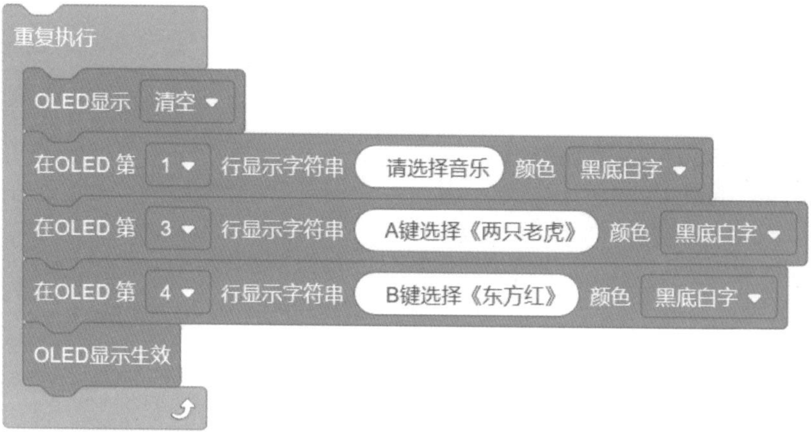

重复执行
OLED显示 清空
在OLED 第 1 行显示字符串 请选择音乐 颜色 黑底白字
在OLED 第 3 行显示字符串 A键选择《两只老虎》 颜色 黑底白字
在OLED 第 4 行显示字符串 B键选择《东方红》 颜色 黑底白字
OLED显示生效

图5.6　在OLED显示屏上显示选择音乐的信息所对应的程序积木

重复执行
OLED显示 清空
在OLED 第 1 行显示字符串 请选择音乐 颜色 黑底白字
在OLED 第 3 行显示字符串 A键选择《两只老虎》 颜色 黑底白字
在OLED 第 4 行显示字符串 B键选择《东方红》 颜色 黑底白字
OLED显示生效
如果 按键 A 被 按下 ? 那么
如果 按键 B 被 按下 ? 那么

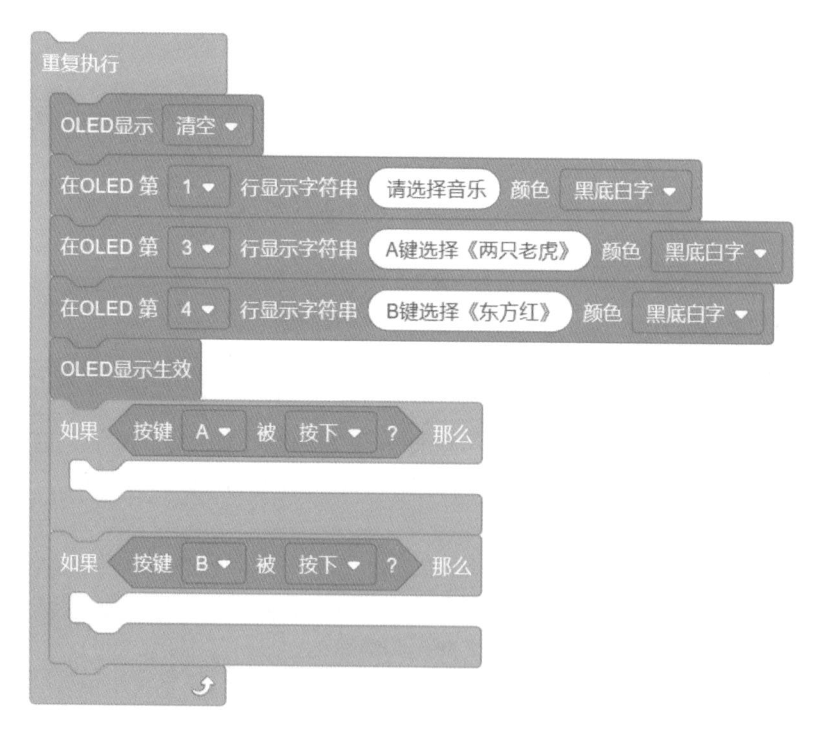

图5.7　增加两个选择结构的程序积木

第三步，在选择结构的程序积木中增加播放音乐的程序积木，对应的程序积木块如图5.8所示。

这里我们在播放音乐的时候还会对应地显示播放音乐的曲名。

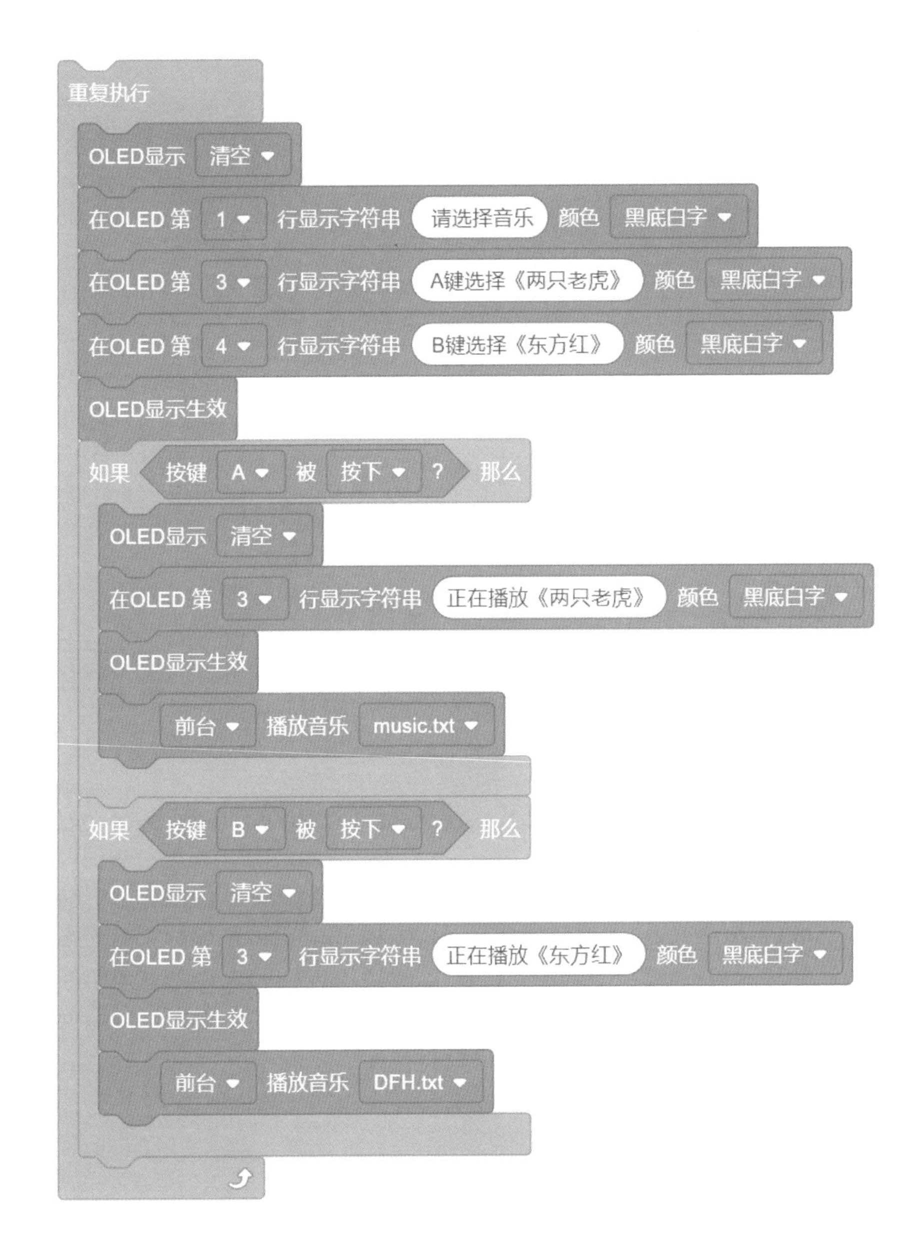

图5.8 “音乐二选一”的程序积木块

5.1.4　文本代码分析

图5.8的程序积木块对应的文本代码如下。

```
from device import OLED
oled = OLED(0x3c)
from device import BUTTON
btn0 = BUTTON(0)
btn1 = BUTTON(1)
from device import BEEP
beep = BEEP()

while True:
  oled.fill_screen(0)
  oled.show_str_line(str(' 请选择音乐 '),1,1)
  oled.show_str_line(str(' A键选择《两只老虎》'),3,1)
  oled.show_str_line(str(' B键选择《东方红》'),4,1)
  oled.flush()
  if(btn0.value() == 0) :
    oled.fill_screen(0)
    oled.show_str_line(str(' 正在播放《两只老虎》'),3,1)
    oled.flush()

    beep.player(bytes([0x15,0x02,0x16,0x02,0x17,0x02,0x15,0x02,0x15,
0x02,
        0x16,0x02,0x17,0x02,0x15,0x02,0x17,0x02,0x18,0x02,0x19,0x01,
        0x17,0x02,0x18,0x02,0x19,0x01,0x19,0x67,0x1A,0x04,0x19,0x67,
        0x18,0x04,0x17,0x02,0x15,0x02,0x19,0x67,0x1A,0x04,0x19,0x67,
        0x18,0x04,0x17,0x02,0x15,0x02,0x15,0x02,0x19,0x02,0x15,0x01,
        0x15,0x02,0x19,0x02,0x15,0x01]),
    1)

  if(btn1.value() == 0) :
    oled.fill_screen(0)
    oled.show_str_line(str(' 正在播放《东方红》'),3,1)
    oled.flush()

    beep.player(bytes([0x19,0x02,0x19,0x03,0x1A,0x03,0x16,0x01,0x15,
0x02,
        0x15,0x03,0x10,0x03,0x16,0x01,0x19,0x02,0x19,0x02,0x1A,0x03,
```

```
        0x1F,0x03,0x1A,0x03,0x19,0x03,0x15,0x02,0x15,0x03,0x10,0x03,
        0x16,0x01,0x19,0x02,0x16,0x02,0x15,0x02,0x11,0x03,0x10,0x03,
        0x0F,0x02,0x19,0x02,0x16,0x02,0x17,0x03,0x16,0x03,0x15,0x02,
        0x15,0x03,0x10,0x03,0x16,0x03,0x17,0x03,0x16,0x03,0x15,0x03,
        0x16,0x03,0x15,0x03,0x11,0x03,0x10,0x03,0x0F,0x01,0x0F,0x16,
        0x00,0x00]),
    1)
```

这段代码中能看到这次由于使用了两个按键，所以在导入BUTTON类之后，生成了BUTTON类的两个对象btn0和btn1。

5.2 函数

上面的程序实际上是有一点小问题的，那就是当没有播放音乐的时候，程序在不断检测按键的同时一直在执行擦除屏幕、显示文字、显示生效的操作。在一个逻辑比较严密的程序中，控制OLED显示屏显示的操作最好是在显示内容有变化的时候再执行。因此这里程序的执行顺序应该是首先在循环开始之前，先在OLED显示屏上显示选择音乐的信息，然后进入循环一直检测按键状态，而当检测到按键按下并播放完音乐之后应该刷新OLED显示屏上的显示信息，使OLED显示屏上的内容重新回到选择音乐的信息。不过这样调整之后，整个程序中就会有很多重复的操作，为此我们可以尝试让重复的部分变为一个函数。函数可以看成是一段执行固定功能的程序的集合。函数能够在程序中的任何地方调用，函数执行完成后，程序会回到调用函数的位置继续往后执行。

5.2.1　自制积木

在图形化形式中，将自定义函数称为自制积木，是专门的一类积木，如图5.9所示。

目前这类积木中只有一个按钮——制作新的积木，单击这个按钮会弹出如图5.10所示的“制作新的积木”对话框。

在这个对话框中，先要给自制的积木起个名字，这个名字和变量的名字性质一样，都是为了方便使用的时候能明确地知道积木的功能和作用。自制积木默认

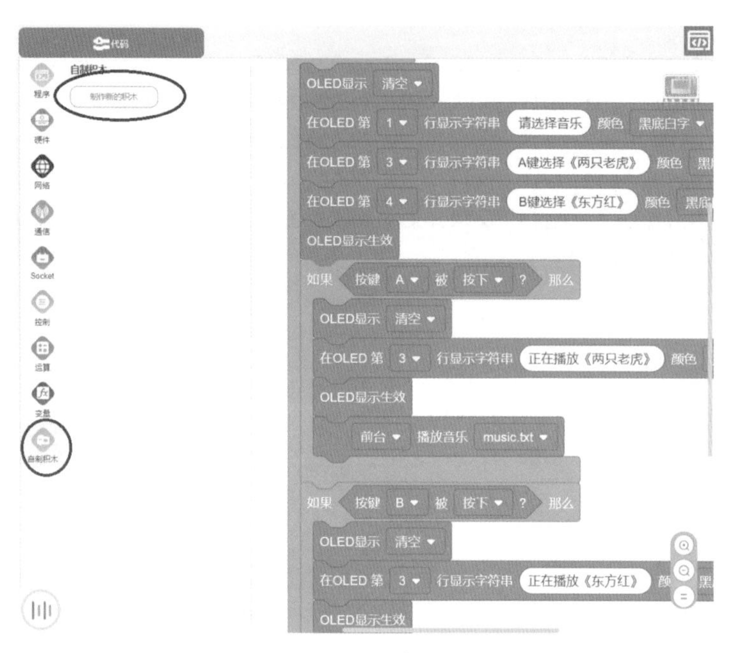

图5.9　PZStudio中的自制积木

的名字为my_function，如图5.10所示。这里将其改为更直观的showMessage，如图5.11所示。另外，在自制积木的时候还可以通过左侧的选项添加数字、文本或布尔值的参数，这里不需要增加任何参数。

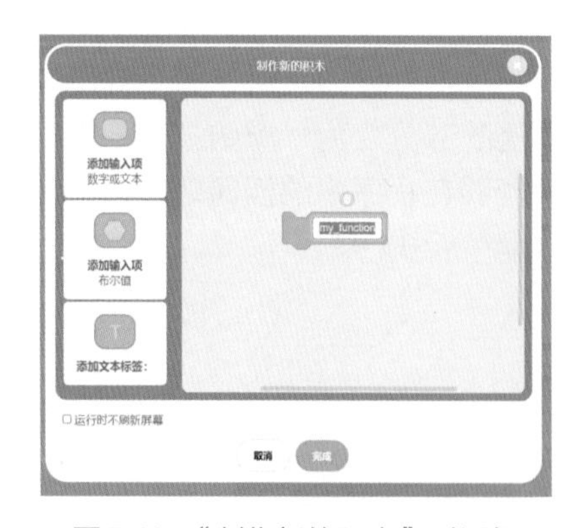

图5.10　“制作新的积木”对话框

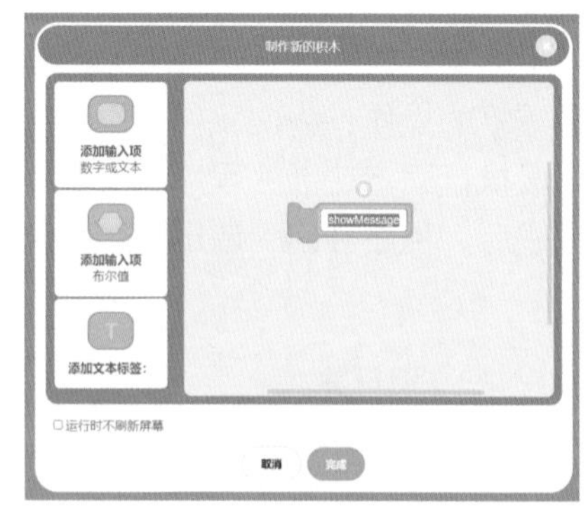

图5.11　更改自制积木的名字

单击“完成”按钮实现自制积木的第一步，此时PZStudio的界面变为如图5.12所示的内容。

此时在“自制积木”这类积木中就出现了刚刚自制的showMessage程序积木，不过目前这个程序积木什么功能都没有。要想让这个程序积木实现某些功

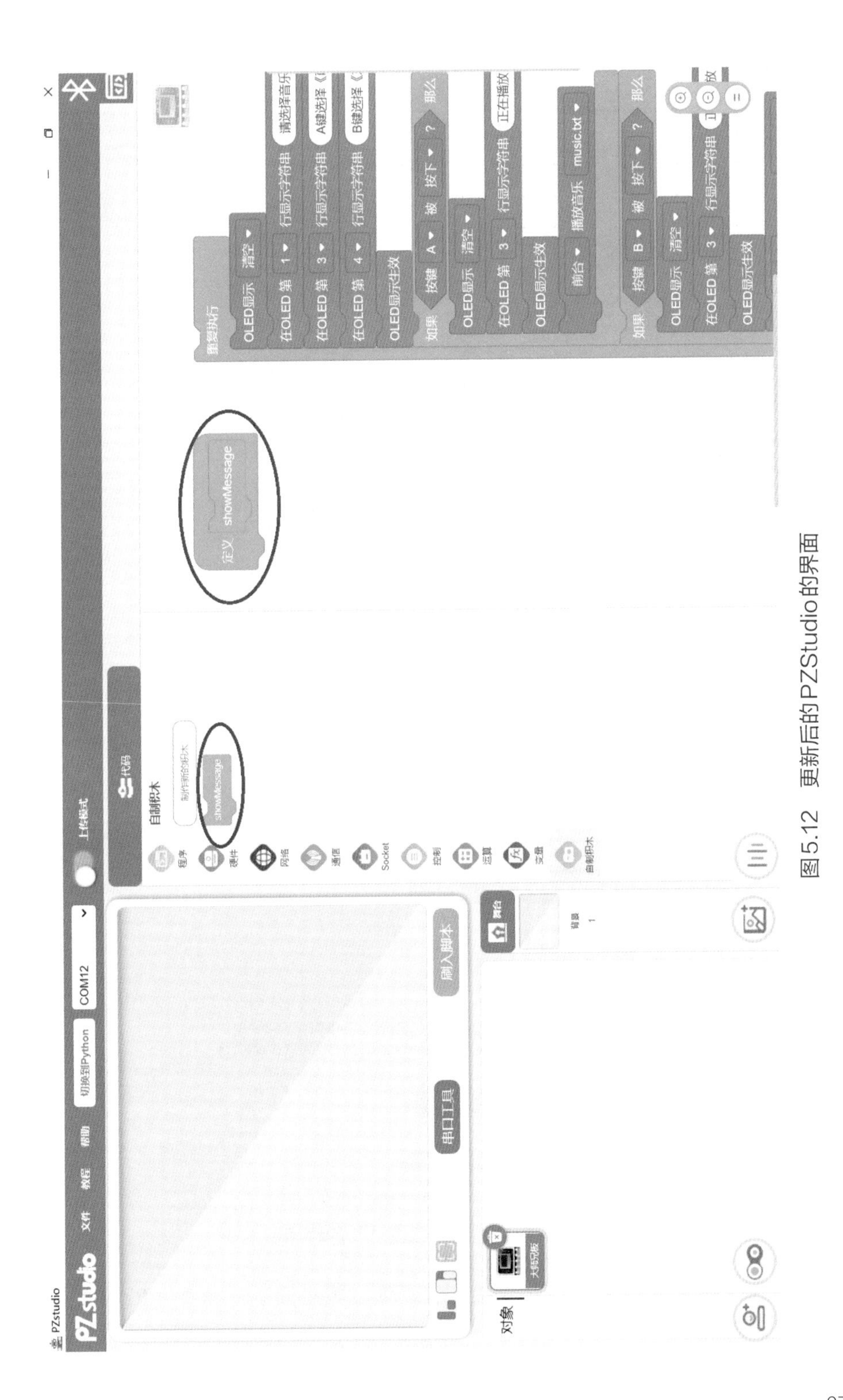

图 5.12　更新后的PZStudio的界面

能，就要在程序区的“定义showMessage”下添加对应的程序积木。

这里我们希望实现的功能是刷新OLED显示屏上的显示信息，使其显示选择音乐的信息，因此对应地将相关程序积木连接在“定义showMessage”下方，如图5.13所示。

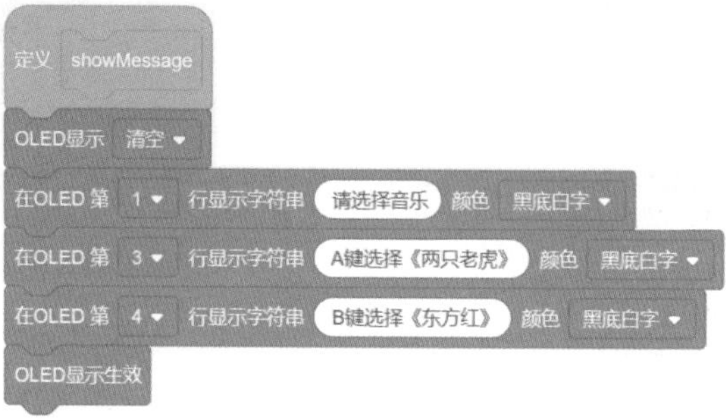

定义 showMessage
OLED显示 清空
在OLED 第 1 行显示字符串 请选择音乐 颜色 黑底白字
在OLED 第 3 行显示字符串 A键选择《两只老虎》 颜色 黑底白字
在OLED 第 4 行显示字符串 B键选择《东方红》 颜色 黑底白字
OLED显示生效

图5.13　完成自制积木的功能

这样就能使用这个自制积木了，将其带入到之前的程序积木块中，则调整后的程序积木如图5.14所示。

图5.14　调整后“音乐二选一”的程序积木块

添加了自制积木之后，是不是程序更易懂、更易读了？而整个PZStudio中的内容如图5.15所示。

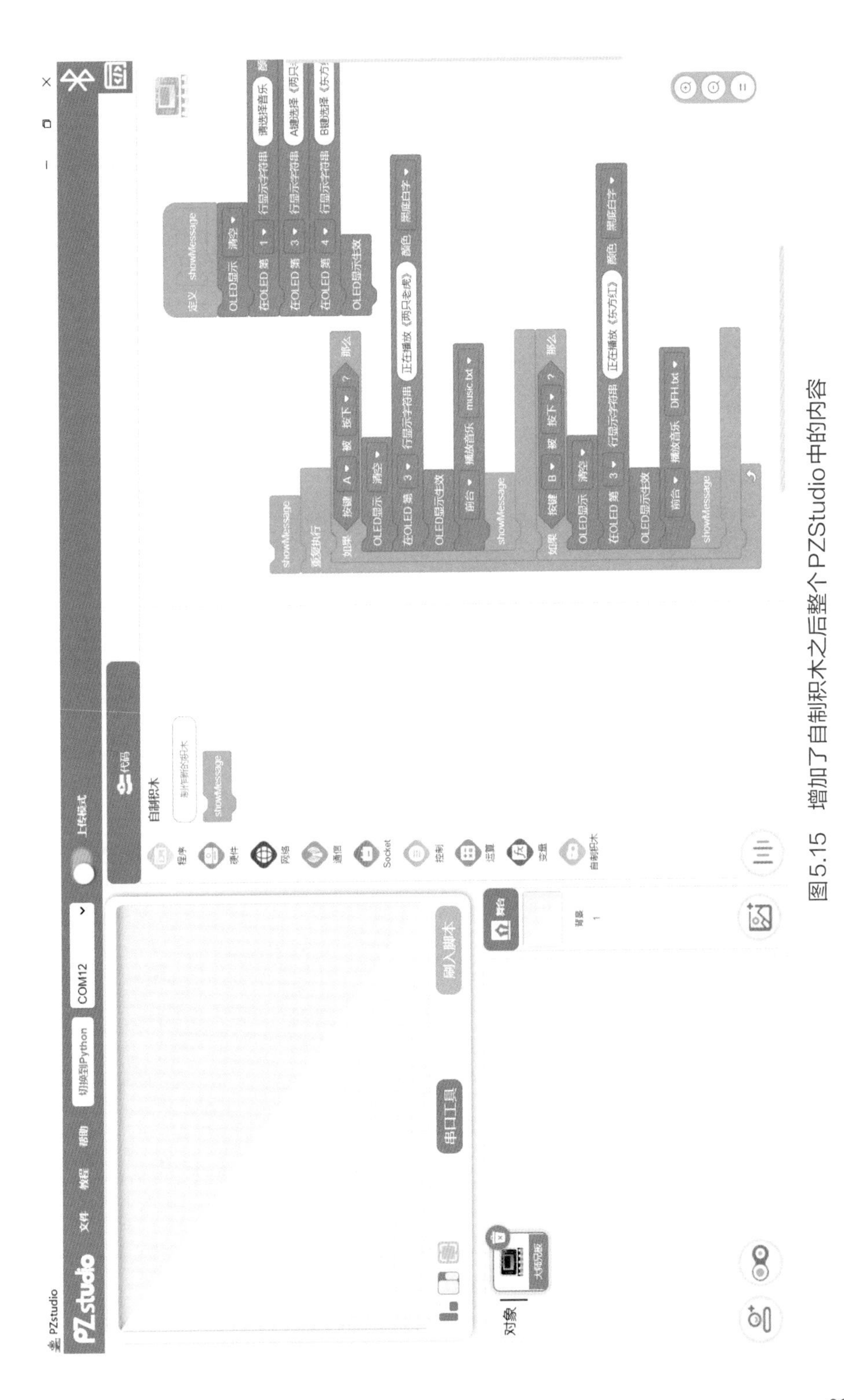

图5.15　增加了自制积木之后整个PZStudio中的内容

5.2.2 自定义函数

不管任何程序，软件开发中最大的问题就是复杂性管理。优秀的程序员编写的软件都有很强的可读性，易于理解，不需要太多的解释，基本一看就懂。函数就是创建简单易懂程序的关键，它能够在避免整个程序陷入混乱的前提下轻易地完成程序的修改。

我们来看一下增加了函数的代码，图5.15中的程序积木块对应的文本代码如下。

```
from device import OLED
oled = OLED(0x3c)
from device import BUTTON
btn0 = BUTTON(0)
btn1 = BUTTON(1)
from device import BEEP
beep = BEEP()

def  showMessage():
  global oled,btn0,btn1,beep
  oled.fill_screen(0)
  oled.show_str_line(str(' 请选择音乐 '),1,1)
  oled.show_str_line(str(' A键选择《两只老虎》'),3,1)
  oled.show_str_line(str(' B键选择《东方红》'),4,1)
  oled.flush()


showMessage()
while True:
  if(btn0.value() == 0) :
    oled.fill_screen(0)
    oled.show_str_line(str(' 正在播放《两只老虎》'),3,1)
    oled.flush()
    beep.player(bytes([0x15,0x02,0x16,0x02,0x17,0x02,0x15,0x02,0x15,
0x02,
         0x16,0x02,0x17,0x02,0x15,0x02,0x17,0x02,0x18,0x02,0x19,0x01,
         0x17,0x02,0x18,0x02,0x19,0x01,0x19,0x67,0x1A,0x04,0x19,0x67,
         0x18,0x04,0x17,0x02,0x15,0x02,0x19,0x67,0x1A,0x04,0x19,0x67,
```

```
            0x18,0x04,0x17,0x02,0x15,0x02,0x15,0x02,0x19,0x02,0x15,0x01,
            0x15,0x02,0x19,0x02,0x15,0x01]),
        1)
        showMessage()

    if(btn1.value() == 0) :
        oled.fill_screen(0)
        oled.show_str_line(str(' 正在播放《东方红》'),3,1)
        oled.flush()
        beep.player(bytes([0x19,0x02,0x19,0x03,0x1A,0x03,0x16,0x01,0x15,
  0x02,
            0x15,0x03,0x10,0x03,0x16,0x01,0x19,0x02,0x19,0x02,0x1A,0x03,
            0x1F,0x03,0x1A,0x03,0x19,0x03,0x15,0x02,0x15,0x03,0x10,0x03,
            0x16,0x01,0x19,0x02,0x16,0x02,0x15,0x02,0x11,0x03,0x10,0x03,
            0x0F,0x02,0x19,0x02,0x16,0x02,0x17,0x03,0x16,0x03,0x15,0x02,
            0x15,0x03,0x10,0x03,0x16,0x03,0x17,0x03,0x16,0x03,0x15,0x03,
            0x16,0x03,0x15,0x03,0x11,0x03,0x10,0x03,0x0F,0x01,0x0F,0x16,
            0x00,0x00]),
        1)
        showMessage()
```

函数通常在导入类库、定义对象和变量之后，以关键字def开头，后面跟着函数名。函数名后的圆括号里是参数，如果参数个数大于1，需要用逗号隔开。定义函数的第一行必须以冒号结尾。函数第二行开始都会至少有一个缩进，表示这是在函数内部，这里首先将oled、btn0、btn1、beep这几个对象都定义为全局对象，然后是控制OLED显示屏显示的操作。

之后的程序中要调用自定义的函数时，只需要使用函数的名字即可（有参数的还要提供合适的参数）。

5.3 示例：对准靶心

5.3.1 功能描述

实现“音乐二选一”项目以及学会自制积木之后，本节再来制作一个对准靶心的小游戏。游戏的界面有点像3.3节图3.20的样子。具体说明就是在显示屏上有一个由三个圆圈组成的靶子图案，然后当游戏开始的时候就会有一个小的实心圆在显示屏中左右移动，当移动到合适的位置时按下按键A，则实心圆开始上下移动，然后到合适的位置时按下按键B，这样就确定了实心圆的位置，最后计算这个实心圆距离靶子中心的距离。

5.3.2 功能整体框架

这次我们采用一种函数化的思维来完成这个示例。所谓函数化的思维，是指先将程序要处理的流程大致地梳理出来，流程中涉及的功能单元用自定义的函数代替，当整个流程梳理完之后，完成各个自定义的函数，整个项目程序就算完成了。对于对准靶心这个小游戏，其流程如下。

① 绘制靶子和实心圆。

② 移动实心圆坐标。

③ 判断按键A是否被按下（按键A只在实心圆水平移动时起作用）。

④ 判断按键B是否被按下（按键B只在实心圆垂直移动时起作用）。如果按键B被按下之后，还要计算实心圆距离靶子中心的距离，然后再将实心圆的坐标变为起始坐标。

对应这个流程的程序积木块如图5.16所示。

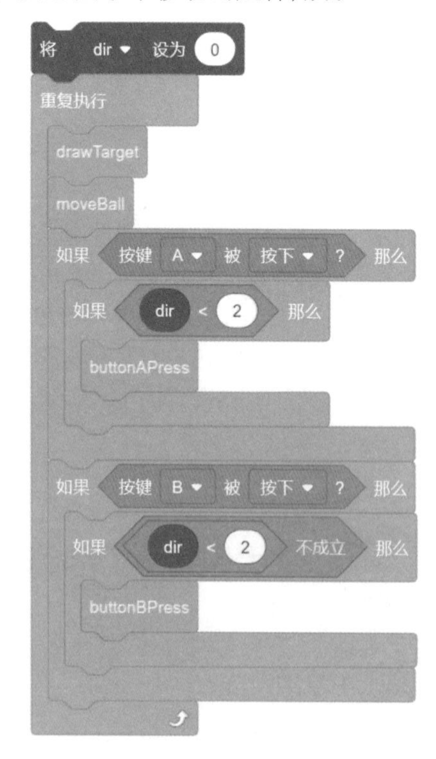

图5.16 对准靶心小游戏整体的程序积木块

图5.16中包含了如下未完成的自定义函数。

- ☐ drawTarget：功能是绘制靶子和实心圆。
- ☐ moveBall：功能是移动实心圆坐标。
- ☐ buttonAPress：功能是按键A被按下后要执行的操作。
- ☐ buttonBPress：功能是按键B被按下后要执行的操作。

由于按键的操作是和实心圆的移动方向有关系的，所以还创建了一个变量dir，用来表示实心圆的移动方向。这里约定dir为0的时候表示向右移动，为1的时候表示向左移动，为2的时候表示向下移动，为3的时候表示向上移动，dir与方向的对应关系如图5.17所示。

依照dir与方向的对应关系，在图5.16中，buttonAPress要在小于2的情况下执行（dir的值为0或1），而buttonBPress要在不小于2的情况下执行。

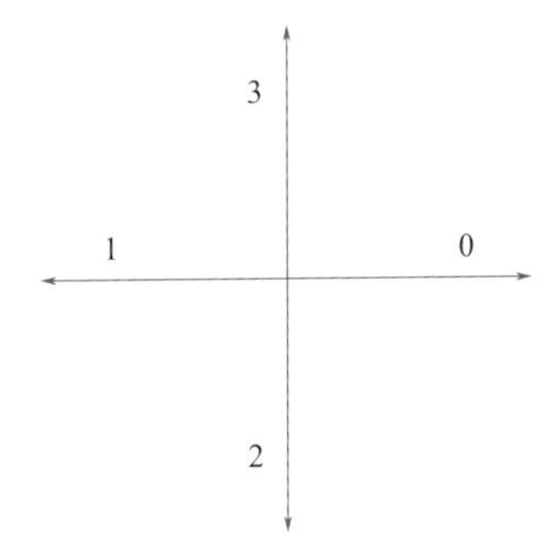

图5.17　dir与方向的对应关系

5.3.3　各个函数的实现

整体流程确认好之后，接下来就是完善各个自制积木（自定义函数）了。

drawTarget的程序积木块如图5.18所示。

绘制实心圆的时候需要用变量*x*、*y*来表示实心圆的圆心坐标。刚开始的时候这个实心圆是水平向右移动的，位置在靶子中心±30的范围内。因此需要先创建变量*x*、*y*，同时两个变量的初始值如图5.19所示。

“64−30”表示初始的时候实心圆在靶子的最左侧，设定初始值的程序积木要放在图5.16的最上面。

moveBall的程序积木块如图5.20所示。

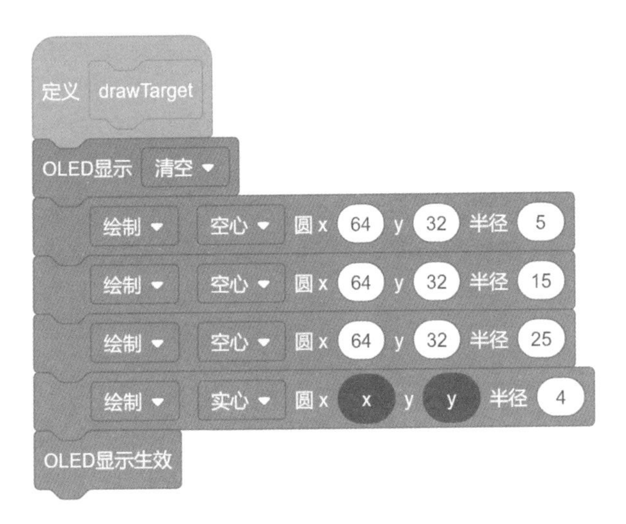

图5.18　drawTarget的程序积木块

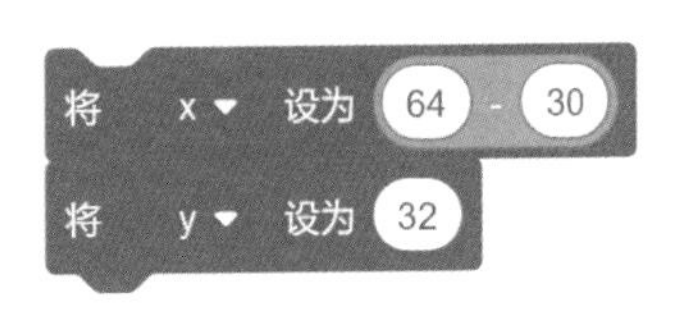

图5.19　实心圆的初始坐标

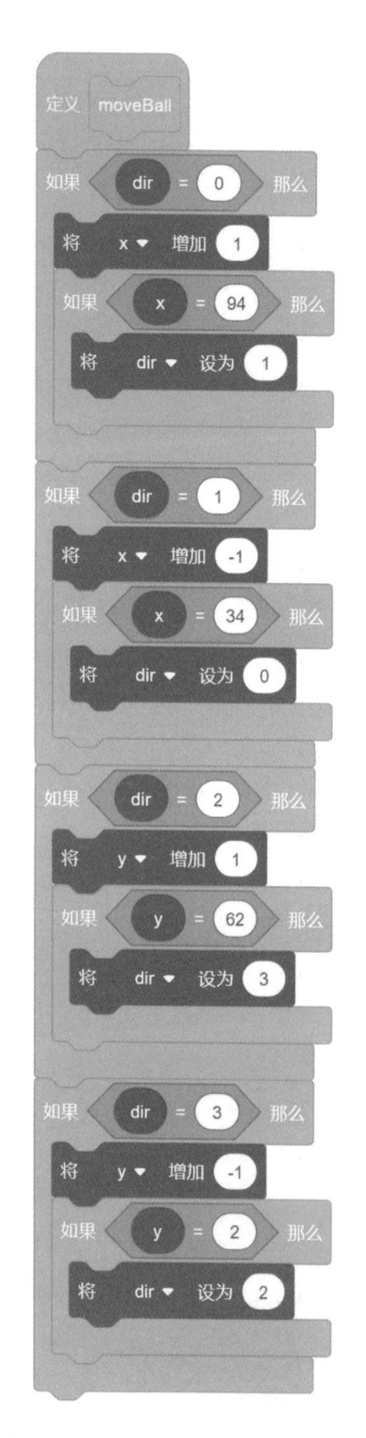

图5.20　moveBall的程序积木块

移动实心圆坐标的操作会分成4个方向。在水平方向上，如果dir为0，则要让实心圆圆心坐标的x值加1，而当x的值大于94的时候（64+30 = 94），则要改变dir的值，将其变为1；在dir为1的情况下，则每次显示完之后要让实心圆圆心坐标的x值减1，同样的，当x的值小于34的时候要再将dir的值变为0。在垂直方向上，如果dir为2，则要让实心圆圆心坐标的y值加1，而当y的值大于62的时候（32+30 = 62），则要改变dir的值，将其变为3；在dir为3的情况下，则每次显示完之后要让实心圆圆心坐标的y值减1，同样的，当y的值小于2的时候要再将dir的值变为2。

buttonAPress的程序积木块如图5.21所示。

当按键A被按下之后，要执行的操作比较简单，就是让dir的值变为2或者3，让实心圆上下运动。这里我们让dir变成了2，即让实心圆向下运动。

最后是自制积木buttonBPress。相比于buttonAPress，buttonBPress要稍微复杂一些，要计算当前坐标距离圆心的距离，然后等待一段时间后将dir的值变为0，开始下一次瞄准。buttonBPress对应的程序积木块如图5.22所示。

为了计算当前坐标距离圆心的距离，这里又新建了两个变量dx和dy，其中dx表示x坐标距离水平中心64的距离，而dy表示y坐标距离垂直中心32的距离。接着利用直角三

图5.21　buttonAPress的程序积木块

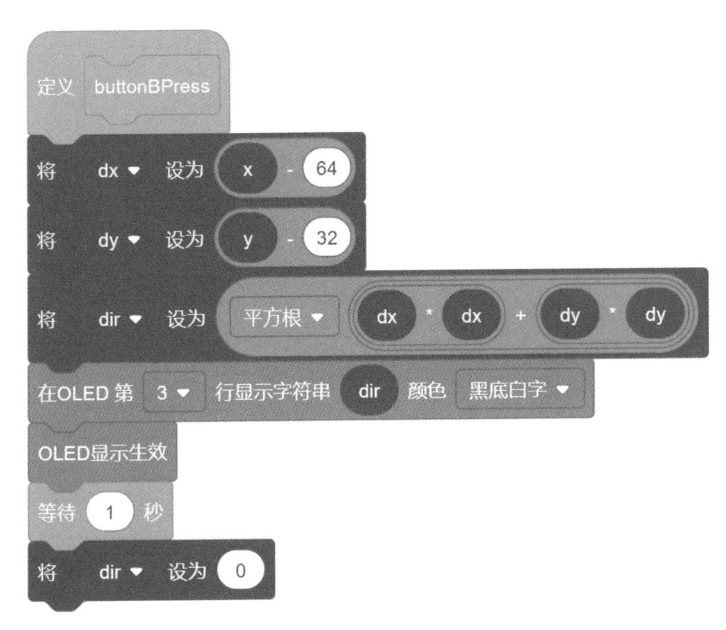

图5.22　buttonBPress的程序积木块

角形中已知两个直角边的长度求斜边的公式，最后求得当前坐标距离圆心的距离并显示在OLED显示屏的第三行。

5.3.4　文本代码分析

整个对准靶心小游戏的程序积木块对应的文本代码如下。

```
import math
from device import OLED
oled = OLED(0x3c)
from device import BUTTON
btn0 = BUTTON(0)
btn1 = BUTTON(1)
import time

x = 0
y = 0
dir2 = 0
```

```
dx = 0
dy = 0

def  drawTarget():
  global x,y,dir2,dx,dy,oled,btn0,btn1
  oled.fill_screen(0)
  oled.draw_circle(64, 32, 5, 1)
  oled.draw_circle(64, 32, 15, 1)
  oled.draw_circle(64, 32, 25, 1)
  oled.fill_circle(x, y, 4, 1)
  oled.flush()

def  buttonBPress():
  global x,y,dir2,dx,dy,oled,btn0,btn1
  dx = (x - 64)
  dy = (y - 32)
  dir2 = math.sqrt(((dx * dx) + (dy * dy)))
  oled.show_str_line(str(dir2),3,1)
  oled.flush()
  time.msleep(1000);
  dir2 = 0

def  moveBall():
  global x,y,dir2,dx,dy,oled,btn0,btn1
  if(dir2 == 0) :
    x = x + 1
    if(x == 94) :
      dir2 = 1
  if(dir2 == 1) :
    x = x + (-1)
    if(x == 34) :
      dir2 = 0
  if(dir2 == 2) :
    y = y + 1
```

```
    if(y == 62) :
      dir2 = 3
  if(dir2 == 3) :
    y = y + (-1)
    if(y == 2) :
      dir2 = 2

def  buttonAPress():
  global x,y,dir2,dx,dy,oled,btn0,btn1
  dir2 = 2


x = (64 - 30)
y = 32
dir2 = 0
while True:
  drawTarget()
  moveBall()
  if(btn0.value() == 0) :
    if(dir2 < 2) :
      buttonAPress()
  if(btn1.value() == 0) :
    if(not (dir2 < 2)) :
      buttonBPress()
```

代码中计算直角三角形斜边的部分使用了math库中的sqrt()函数。

这个对准靶心的示例还可以试着将坐标距离圆心的距离转换成环数，距离越小，环数越大，最中间的区域是10环，往外依次是9环、8环……，小于5环就是脱靶。

5.4 语音识别芯片——云知声

按键的功能介绍完之后，本节再介绍另一种交互形式——语音交互。第2章介绍大师兄板的时候说过大师兄板集成了语音识别芯片云知声，本节将围绕这个芯片展开。

5.4.1 云知声

大师兄板集成的是云知声智能科技针对大量纯离线控制场景和产品新推出的低成本纯离线语音识别芯片US516P6，该芯片依托云知声在语音识别技术上的积累和算法的不断优化，离线识别算法与芯片架构深度融合，可广泛且快速应用于智能家居、智能小家电、灯具等需要语音操控的产品当中。

在性能上，芯片支持150条离线命令词，在50 dB背景噪声，距离5 m的情况下测试，识别率能达到95%，误唤醒率48 h 1次以内。

5.4.2 获取云知声数据

在图形化编程形式中，先找到对应的程序积木，如图5.23所示。

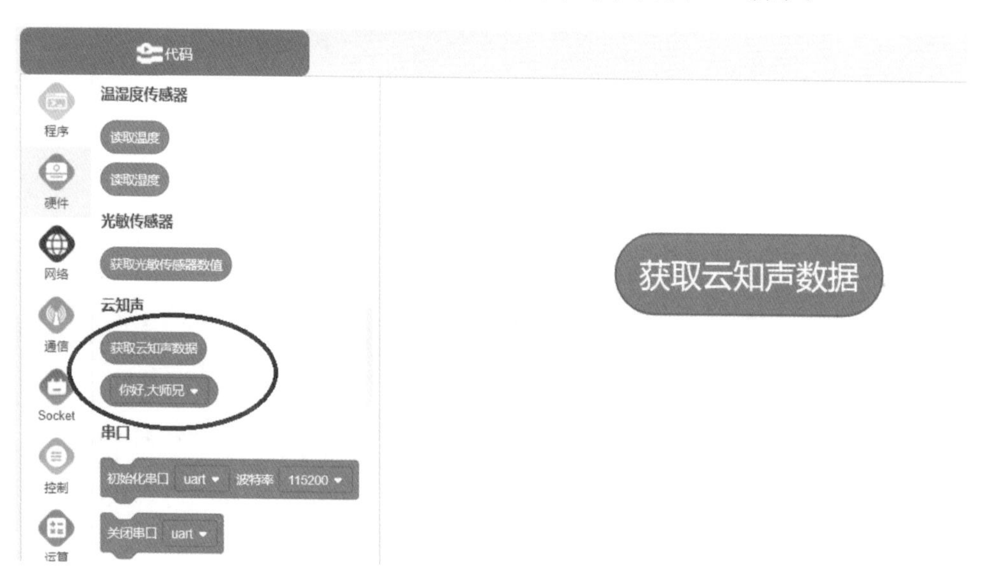

图5.23　云知声相关程序积木

这里能看到云知声相关程序积木只有两个，其实更确切地说只有“获取云知声数据”这一个，因为另一个程序积木实际上是一个命令词条对照表，它本身并不执行任何功能。

云知声芯片中能集成150条离线命令词，而大师兄板上的云知声芯片中已经集成了常用的37条离线命令词，如表5.1所示。

表5.1　大师兄板上的云知声芯片中集成的离线命令词

编号	离线命令词	编号	离线命令词	编号	离线命令词
1	请开灯	14	打开风扇	27	难过
2	请关灯	15	关闭风扇	28	开心
3	调亮一点	16	播放	29	歌曲
4	调暗一点	17	开始	30	太热了
5	你好,大师兄	18	结束	31	好暗
6	开门	19	报警	32	打开水泵
7	关门	20	聪明	33	关闭水泵
8	左转	21	温度	34	开窗
9	右转	22	湿度	35	关窗
10	前进	23	时间	36	打开报警
11	后退	24	天气	37	关闭报警
12	停止	25	多少岁		
13	浇水	26	你是谁		

当使用“获取云知声数据”的程序积木后，实际上从芯片返回的数据是这些词条对应的编号。例如，识别到“请开灯”，则返回1；识别到“关窗”，则返回35。但如果图形化形式的程序积木块中都使用编号，这样会非常不直观，因此在图形化形式中有第二个程序积木，这个积木中有一个下拉按钮，单击这个下拉按钮就可以选择所需的离线命令词，如图5.24所示。

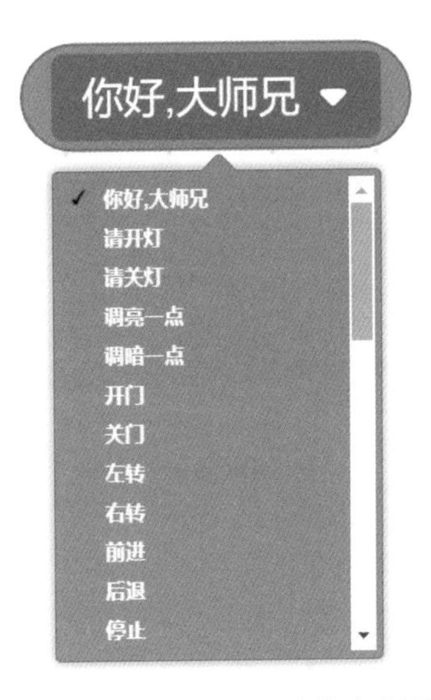

图5.24　选择所需的离线命令词

而这个程序积木中选定的离线命令词在文本代码中会直接对应到一个编号，这一点在稍后的文本代码中会看到。

下面来完成一个小程序，就是获取云知声数据并将其显示在OLED显示屏上，同时如果识别到语音“报警”，则让蜂鸣器响一声。对应的程序积木块如图5.25所示。

这里新建了一个变量用来保存获取的云知声数据，之后的判断和显示都是操作的这个变量。

刷入程序试试语音识别的效果。测试的时候我们直接说“报警”是没有任何反应的，这是因为云知声芯片需要唤醒，而大师兄板上的云知声芯片的唤醒词为“你好，大师兄”，因此要先说“你好，大师兄”，再说“报警”，此时就会听到大师兄板蜂鸣器“嘀”的一声。

图5.25　获取云知声数据的程序积木块

另外，现在OLED显示屏上始终显示的都是0，这是因为程序的刷新速度很快，当显示了对应的编号之后，马上又会开始执行“获取云知声数据”的操作，而之后的数据为0，这样就会把之前显示的信息覆盖掉，我们可以注意一下当识别了某个离线命令词之后，OLED显示屏上显示的0会抖动一下。

如果希望只显示语音识别后的数据，那么可以调整一下程序，判断变量num是不是等于0，只有不为0才刷新显示。对应的程序积木块如图5.26所示。

图5.26　调整后获取云知声数据的程序积木块

刷入程序运行，此时OLED显示屏上就会显示最后识别出来的离线命令词的编号。

5.4.3　US516P6类

图5.26的程序积木块对应的文本代码如下。

```
from device import OLED
oled = OLED(0x3c)
from device import BEEP
beep = BEEP()
import time

from device import US516P6
```

```
us516p6 = US516P6(0)
num = 0

while True:
  num = us516p6.recognition()
  if(num == 19) :
    beep.on()
    time.msleep(1000);
    beep.off()
  if(not (num == 0)) :
    oled.fill_screen(0)
    oled.show_str_line(str(num),3,1)
    oled.flush()
```

在device库中包含了获取云知声芯片数据的US516P6类，因此代码中先导入US516P6类，然后生成一个US516P6类的对象us516p6。生成对象时的参数表示读取模式，0表示不阻塞，即如果没有读到识别的离线命令词，则返回0，接着执行之后的程序；而1表示阻塞，即只有读到识别的离线命令词才往下执行程序。通常默认将参数设为0。

接着在程序中使用了对象唯一的方法——recognition()方法获取云知声芯片数据，方法返回的是离线命令词的编号。

这里当识别到语音“报警”时，对应的选择语句中用的是数字19（对应“报警”的编号），而不是像图5.26中的字符串。

第6章 引脚控制

OpenHarmony

介绍了大师兄板的板载按键和云知声芯片之后，本章将介绍大师兄板下方的金手指引脚。

6.1 引脚说明

6.1.1 大师兄板的金手指引脚定义

除了板载的一些功能之外，如果想为大师兄板扩展其他功能，那就需要使用大师兄板下方的引脚了。大师兄板的金手指上各引脚的功能定义如图6.1所示。

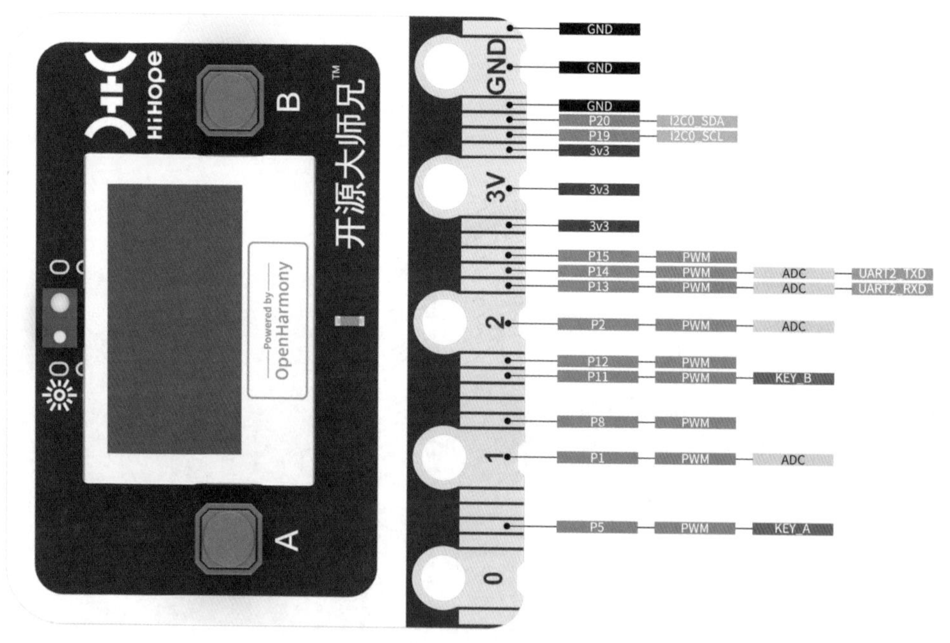

图6.1 大师兄板的金手指上各引脚的功能定义

大师兄板的金手指上总共有25个引脚，这些引脚有的大，有的小，有的没有扩展功能，而有些功能是一样的。下面对有扩展功能的引脚进行介绍（以最靠近引脚的标签来指代对应的引脚）。

先说5个大引脚，这些引脚可以很容易地连接鳄鱼夹或是插入4 mm的香蕉插头，同时这些引脚在大师兄板上标注了0、1、2、3 V和GND的标识。其中，3 V和GND表示能够提供3 V的电源和GND（接地端），如果大师兄板不是由

USB或者电池供电，也可以通过3 V和GND为大师兄板供电；0没有扩展功能；1和2对应P1和P2，可以作为数字输入、输出接口，同时提供PWM（脉冲宽度调制）输出和模拟输入功能。

接着介绍20个小引脚，其中有扩展功能的具体说明如表6.1所示。

表6.1　有扩展功能的小引脚的具体说明

引脚	类型	说明
P5	I/O	数字输入、输出接口，同时提供PWM输出，与大师兄板按键A公用
P8	I/O	数字输入、输出接口，同时提供PWM输出
P11	I/O	数字输入、输出接口，同时提供PWM输出，与大师兄板按键B公用
P12	I/O	数字输入、输出接口，同时提供PWM输出
P13	I/O	数字输入、输出接口，同时提供PWM输出和模拟输入功能，UART2串口的接收
P14	I/O	数字输入、输出接口，同时提供PWM输出和模拟输入功能，UART2串口的发送
P15	I/O	数字输入、输出接口，同时提供PWM输出
3V3	POWER	3.3 V电源
P19	I/O	数字输入、输出接口，I2C接口的SCL（串行时钟线，提供总线上的时钟），与内部的OLED、姿态传感器等共享I2C总线
P20	I/O	数字输入、输出接口，I2C接口的SDA（双向串行数据线），与内部的OLED、姿态传感器等共享I2C总线
GND	GND	电源GND

6.1.2　悟空扩展板

大师兄板的金手指上的小引脚连接起来并不方便，因此通常还需要使用一个扩展板，本书中使用的是恩孚科技的悟空扩展板，如图6.2所示。

该扩展板是一款高集成度的多功能扩展板，它的大小与大师兄板相近，功能丰富，集成了舵机驱动、电机驱动等。同时还自带400 mAh锂电池包，板载电源管理系统，有四颗指示电量的LED灯，支持快速充电，充满仅需20 min，满负载运行时间可达到40 min以上。该扩展板底座为乐高标准 7 × 5 方形积木块，完美接入乐高积木。

通过悟空扩展板能够将大师兄板的小引脚转换成3芯的插针接口。图6.2中右侧标注了0、1、2、8、12、13、14、15数字的三芯引脚对应的就是大师兄板

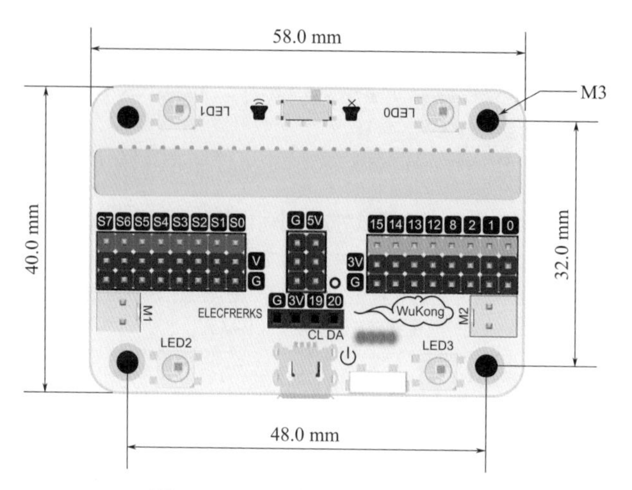

图6.2　恩孚科技的悟空扩展板

的P0、P1、P2、P8、P12、P13、P14、P15（大师兄板P0本身没有功能）。在插针接口中，红色为电源线，黑色为GND，黄色为连接到大师兄板的小引脚的信号线。

将大师兄板插入悟空扩展板的时候要注意方向，悟空扩展板上的插槽上也有0、1、2、3 V和GND的标识，要保证这些标识对应到大师兄板的对应位置。大师兄板插入悟空扩展板后整体如图6.3所示。

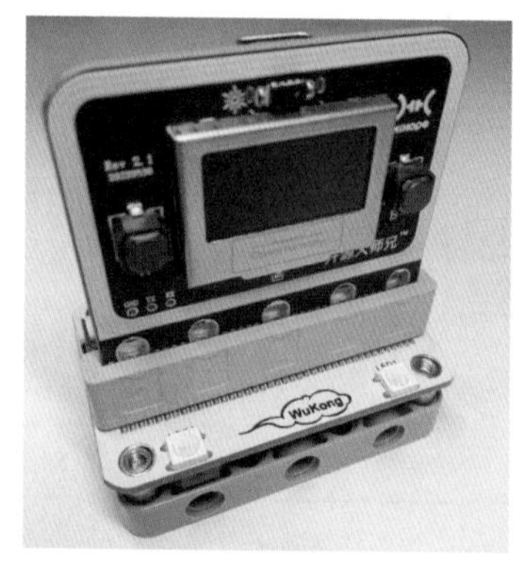

图6.3　大师兄板插入悟空扩展板后的样子

6.2 引脚基本操作

有了扩展板之后，本节将结合一些其他的电子零件介绍引脚的基本操作。

6.2.1　数字量的输入

如果在与大师兄板交互的时候希望有更多的按键或者说希望按键与板子有一定的距离，那就可以使用引脚基本的数字量输入能力。现在稍微调整一下上一章中的对准靶心示例，将对按键B的操作用一个外接的碰撞传感器代替（用按键传感器道理是一样的）。

这里选用的是恩孚科技的碰撞传感器，其外观如图6.4所示。

该传感器采用防插反的三线端口，先用配套的连接线将传感器连接到大师兄板的P8引脚（实际上是连接到了扩展板上，下同），如图6.5所示。

连接时注意引脚的颜色，要保证连接线的颜色与插针的颜色一一对应，即红色对红色，黑色对黑色，黄色对黄色。

图6.4　恩孚科技的碰撞传感器

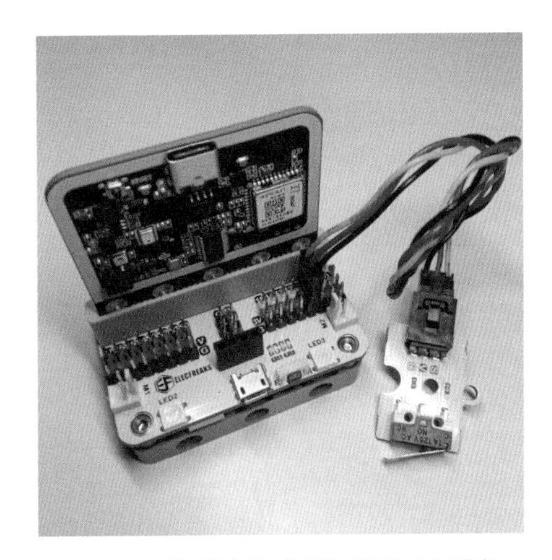

图6.5　将碰撞传感器连接到P8引脚

碰撞传感器连接好之后，再来看图形化编程形式中的程序积木。在“输入输出”中找到两头为尖角的“数字引脚为高/低电平”的程序积木，将其拖曳到程序区，替换掉“按键B被按下”的程序积木，如图6.6所示。

说明

引脚基本操作的相关程序积木都在“输入输出”分类中。

然后单点击引脚的下拉菜单，选择P8（因为碰撞传感器连接到了P8），同时单击后面的“高/低电平”下拉菜单，选择“低电平”（因为碰撞传感器前方发生碰撞反馈信号为低）。这样这个程序就调整完了，刷入程序的话现在就是通过A键和外接的碰撞传感器来与小游戏交互了。

6.2.2　Pin类

修改后的程序积木块对应的文本代码如下。

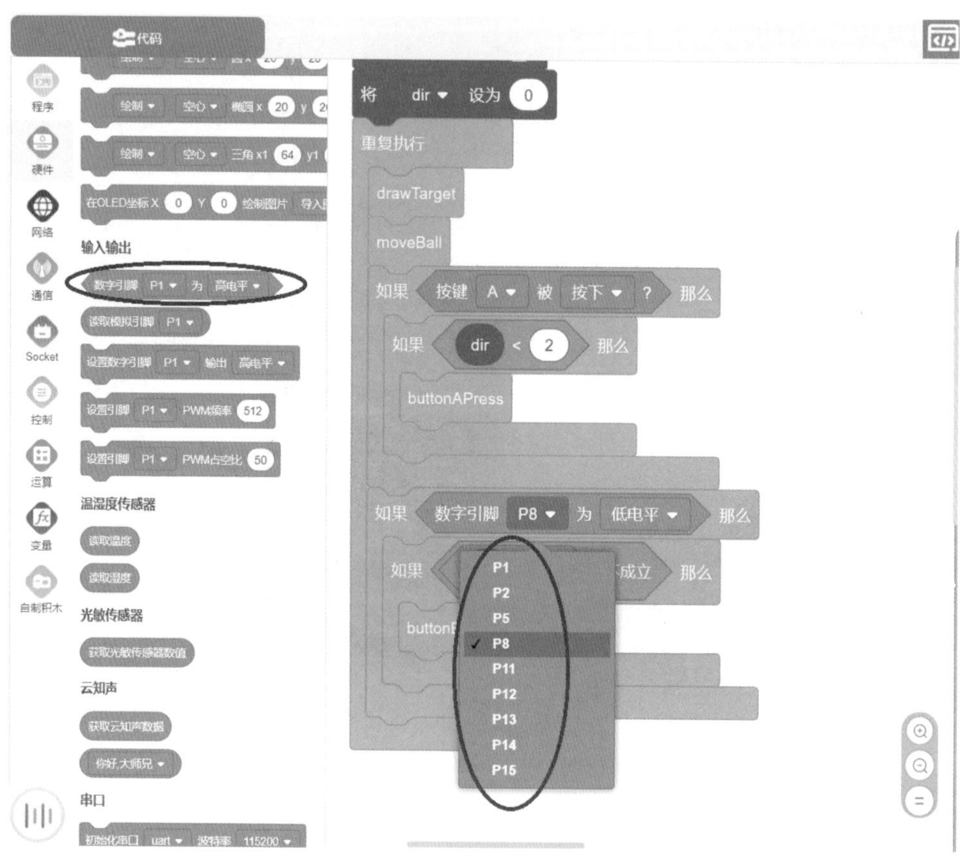

图6.6 用“数字引脚为高/低电平”的程序积木替换“按键B被按下”的程序积木

```
from machine import Pin
pin8 = Pin(8,mode=Pin.IN,pull=Pin.PULL_UP)
import math
from device import OLED
oled = OLED(0x3c)
from device import BUTTON
btn0 = BUTTON(0)
import time

x = 0
y = 0
dir2 = 0
```

```
dx = 0
dy = 0

def  drawTarget():
  global x,y,dir2,dx,dy,pin8,oled,btn0
  oled.fill_screen(0)
  oled.draw_circle(64, 32, 5, 1)
  oled.draw_circle(64, 32, 15, 1)
  oled.draw_circle(64, 32, 25, 1)
  oled.fill_circle(x, y, 4, 1)
  oled.flush()

def  buttonBPress():
  global x,y,dir2,dx,dy,pin8,oled,btn0
  dx = (x - 64)
  dy = (y - 32)
  dir2 = math.sqrt(((dx * dx) + (dy * dy)))
  oled.show_str_line(str(dir2),3,1)
  oled.flush()
  time.msleep(1000);
  dir2 = 0

def  moveBall():
  global x,y,dir2,dx,dy,pin8,oled,btn0
  if(dir2 == 0)  :
    x = x + 1
    if(x == 94)  :
      dir2 = 1
  if(dir2 == 1)  :
    x = x + (-1)
    if(x == 34)  :
      dir2 = 0
  if(dir2 == 2)  :
    y = y + 1
    if(y == 62)  :
      dir2 = 3
  if(dir2 == 3)  :
```

```
    y = y + (-1)
    if(y == 2) :
      dir2 = 2

def  buttonAPress():
  global x,y,dir2,dx,dy,pin8,oled,btn0
  dir2 = 2


x = (64 - 30)
y = 32
dir2 = 0
while True:
  drawTarget()
  moveBall()
  if(btn0.value() == 0) :
    if(dir2 < 2) :
      buttonAPress()
  if(pin8.value() == 0) :
    if(not (dir2 < 2)) :
      buttonBPress()
```

以上加框线的内容就是变化的部分。在大师兄板上，对引脚的操作（包括I2C和UART接口的使用）都需要用到machine库，而引脚的基本操作需要用到machine库的Pin类，因此代码中先导入Pin类，然后生成一个Pin类的对象pin8。由于大师兄板上并不只有一个可用的引脚，因此在生成对象的时候需要一些参数。具体参数说明见表6.2。

表6.2 参数说明（一）

参数	说明
pin	大师兄板定义的引脚号
mode	引脚模式，有两个选项：PinMode.IN为数字输入模式；PinMode.OUT为数字输出模式
pull	引脚是否连接上拉或下拉电阻，有三个选项：None表示无上拉或下拉电阻；Pin.PULL_UP表示上拉电阻使能；Pin.PULL_DOWN表示下拉电阻使能

这里使用的引脚为P8，模式为数字输入，引脚上拉电阻使能（这个参数是在图形化编程形式中没有的），因此对应的文本代码为

```
pin8 = Pin(8,mode=Pin.IN,pull=Pin.PULL_UP)
```

这里也是后面的参数决定了使用的是哪个引脚，而不是对象名决定的。

接着使用对象的value()方法获取引脚的状态，方法返回0表示返回低电平，方法返回1表示返回高电平。value()方法在引脚为数字量输出模式的情况下，还可以通过参数设置引脚的状态是输出高电平还是低电平。例如：value(1)是设置引脚为高电平，而value(0)是设置引脚为低电平。

6.2.3　数字量的输出

如果想使用引脚基本的数字量输出能力，可以在引脚上接一个如图6.7所示的恩孚科技的LED模块。

该模块的接口也是防反插的三线端口，这里我们依然将其接在P8（连接之后的效果就不在书中展示了），然后完成一个让LED闪烁的示例。对应的程序积木块如图6.8所示。

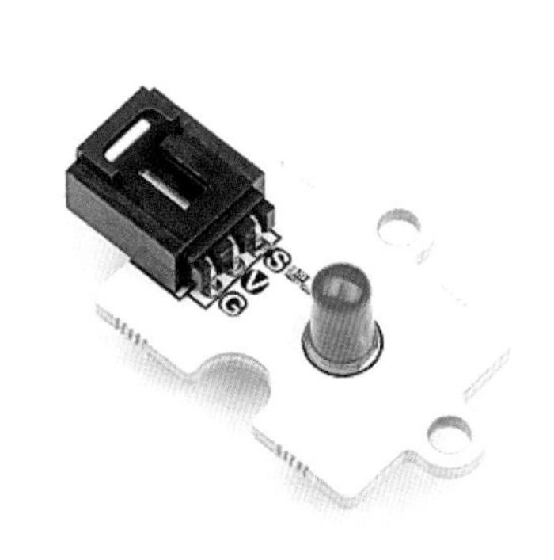

图6.7　恩孚科技的LED模块

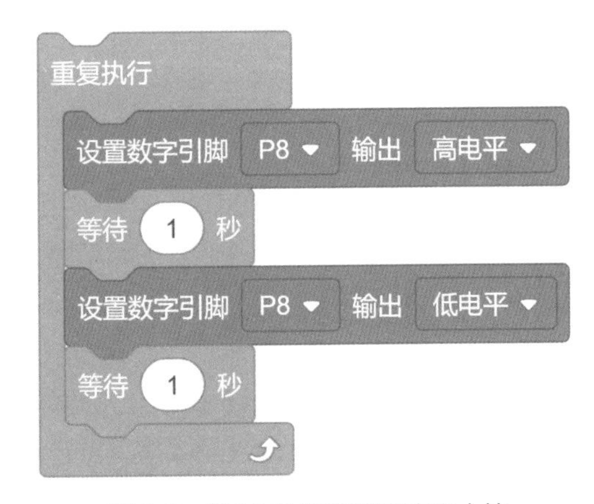

图6.8　让LED闪烁的程序积木块

这个程序比较简单，就是让P8口输出高电平并持续1 s，然后输出低电平并持续1 s，对应的LED就会一亮一灭，实现闪烁的效果。程序积木块对应的文本代码如下。

```
from machine import Pin
pin8 = Pin(8,mode=Pin.IN,pull=Pin.PULL_UP)
import time

while True:
  pin8 = Pin(8,mode=Pin.OUT,pull=Pin.PULL_UP);
  pin8.value(1)
  time.msleep(1000);
  pin8 = Pin(8,mode=Pin.OUT,pull=Pin.PULL_UP);
  pin8.value(0)
  time.msleep(1000);
```

结合Pin类的说明，这段代码就很好理解了。这里的文本代码考虑引脚的安全问题（初始情况下引脚为输入），因此只有在设置引脚输出高/低电平之前才将引脚的模式改为数字输出模式。如果是手动输入文本代码的话，可以写成如下的内容。

```
from machine import Pin
pin8 = Pin(8,mode=Pin.OUT,pull=Pin.PULL_UP);
import time

while True:
  pin8.value(1)
  time.msleep(1000);
  pin8.value(0)
  time.msleep(1000);
```

6.2.4 PWM输出

PWM（pulse width modulation，脉宽调制）是指对一系列脉冲的宽度进行调制。如图6.9所示就是一个简单的PWM波形示意图。

其中，T是PWM波的周期，1/T即为PWM波的频率，T1是高电平的宽度，T2是低电平的宽度，而T1/T是PWM波的占空比。

PWM常被当作利用数字输出的引脚实现模拟信号输出的形式，或者说通常都按照模拟信号来理解，这是因为如果通过这个方波信号调制晶体管基极或MOS（金属-氧化物半导体场效应晶体管）管栅极的偏置，能够实现晶体管或

MOS管导通时间的改变，从而实现稳压电源电压输出的改变。这种方式是利用微处理器的数字信号对模拟电路进行控制的一种非常有效的技术，被广泛应用在从测量、通信到功率控制与变换的许多领域中。PWM的这种方式相当于是把纵向变化的电压（模拟信号）变成了横向变化的脉宽（数字信号）。PWM的一个优点是传递的信号都是数字形式的，无须进行数模转换，让信号保持为数字形式可将噪声影响降到最小。从模拟信号转向PWM可以极大地延长通信距离。理论上只要带宽足够，任何模拟值都可以使用PWM进行编码。

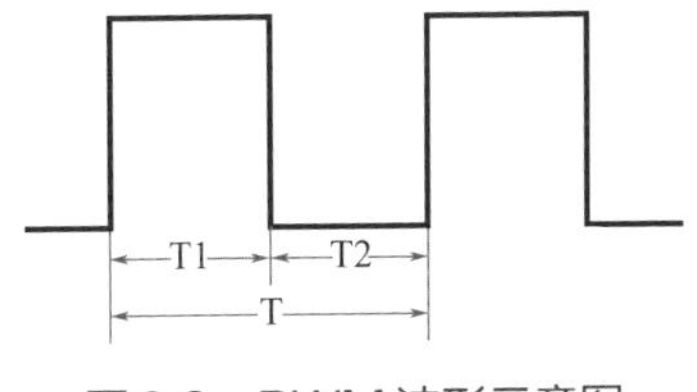

图6.9　PWM波形示意图

采样控制理论中有一个重要结论：冲量相等而形状不同的窄脉冲加在具有惯性的环节上时，其效果基本相同。PWM控制技术以该结论为理论基础，对半导体开关器件的导通和关断进行控制，使输出端得到一系列幅值相等而宽度不相等的脉冲，用这些脉冲来代替正弦波或其他所需要的波形。按一定的规则对各脉冲的宽度进行调制，既可改变逆变电路输出电压的大小，也可改变输出频率。

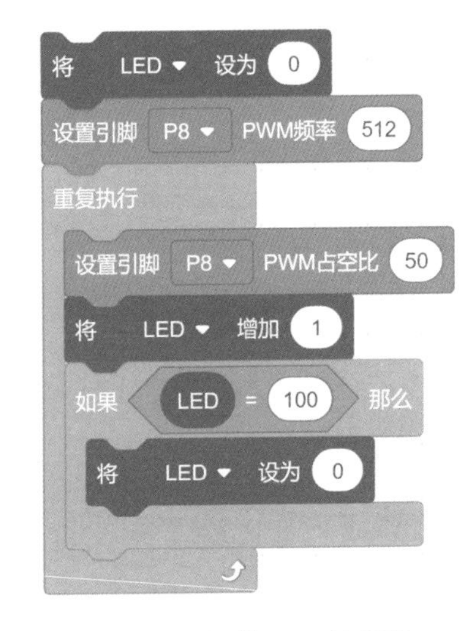

图6.10　调整LED的亮度

利用PWM输出的形式能够调整P8引脚LED的亮度，对应的程序积木块如图6.10所示。

可能大家会发现，这个程序的逻辑和冒泡泡示例的程序逻辑一样，所不同的是在冒泡泡示例中的变量是半径，最大值是32，而这里的变量是LED亮度，最大值是100，表示占空比为100%。

程序积木块对应的文本代码如下。

```
from machine import PWM
pwm8 = PWM(8,freq=5000,duty=50)

LED = 0
pwm8.freq(512)
while True:
  pwm8.duty(50)
```

```
LED = LED + 1
if(LED == 100) :
  LED = 0
```

使用引脚的PWM功能需要用到machine库的PWM类，因此代码中先导入PWM类，然后生成一个PWM类的对象pwm8。同样的，由于大师兄板上并不只有一个可用的引脚具有PWM功能，因此在生成对象的时候需要一些参数。具体参数说明见表6.3。

表6.3　参数说明（二）

参数	说明
pin	大师兄板定义的引脚号
freq	频率
duty	占空比

这里使用的引脚为P8，初始时频率为5000，占空比为50%，因此对应的文本代码为

```
pwm8 = PWM(8,freq=5000,duty=50)
```

接着就可以使用对象的freq()方法设置PWM的输出频率，用duty()方法设置PWM输出的占空比。

6.3 移动的图标

6.3.1　模拟量

在电信号中，与数字量相对的是模拟量，模拟信号充斥在我们的周围，如说话的声音、收听的广播、温度的变化、衣服的颜色等。模拟信号不像数字信号只有高和低，而是一种连续变化的物理信息，其代表信息的特征量可以在任意瞬间呈现为任意数值的信号。模拟量能帮助我们更好地理解周围环境的信息，任何信息都可以用模拟量来准确地表达。不过模拟信号最大的缺点是信号被多次复制，或进行长距离传输之后，会发生衰减，如我们说话的声音随着距离越来越远而变得越来越小，衰减后的信号很容易受到噪声的影响，而且噪声影响后信号几乎不可能再次被还原，因为对所需信号的放大会同时放大噪声信号。

6.3.2　模拟量输入

下面通过使用如图6.11所示的旋钮传感器来介绍如何使用大师兄板引脚的模拟量输入能力来检测一个变化的电压值。

通过调整旋钮传感器模块上的旋钮能够让传感器输出一个GND到供电电压之间的电压值。这里将传感器连接到具有模拟输入扩展功能的引脚P1（连接操作与连接碰撞传感器、LED模块类似，连接之后的效果就不在书中展示了），然后完成一个显示模拟量值的示例。对应的程序积木块如图6.12所示。

图6.11　恩孚科技的旋钮传感器模块

重复执行
OLED显示 清空
在OLED 第 1 行显示字符串 读取模拟引脚 P1 颜色 黑底白字
OLED显示生效

图6.12　获取引脚模拟量输入的程序积木块

图6.12中的程序积木块实现的功能是读取P1引脚模拟量输入的值，然后显示在OLED显示屏的第一行。程序积木块对应的文本代码如下。

```
from machine import ADC
adc1 = ADC(1)
from device import OLED
oled = OLED(0x3c)

while True:
  oled.fill_screen(0)
  oled.show_str_line(str(adc1.read()),1,1)
  oled.flush()
```

使用引脚的模拟量输入功能需要用到machine库的ADC类（ADC，analog-to-digital converter的缩写，指模拟数字转换器，用于将模拟的连续信号转换为数字形式的离散信号），因此代码中先导入ADC类，然后生成一个ADC类的对象adc1。由于大师兄板上并不只有一个可用的引脚具有模拟量输入功能（P2、P13、

P14也具有模拟量输入功能），因此在生成对象的时候需要一个表示引脚的参数。这里因为使用的引脚为P1，所以参数为1。

接着在程序中使用adc1对象的read()方法来获取模拟量对应的数值。这里要注意这个值不是对应引脚上的电压值，而是对应的一个转换后的数字形式的数值。将程序刷入大师兄板，然后调整旋钮，能够在OLED显示屏上看到，这个值最小约为130（对应引脚连接GND），最大约为1 965（对应引脚连接到3.3 V），在这个区间内电压值与read()方法返回的数值之间的关系基本上是线性的，因此我们可以通过对应的比例关系通过获取的模拟量的值来计算对应输入引脚的电压值。

6.3.3 移动图片显示位置

了解了大师兄板引脚的模拟量输入功能之后，本节将结合显示自定义图片的内容实现通过旋钮来调整图片的显示位置。这里选用的图片依然是3.5节中的电话图片。完成后的程序积木块如图6.13所示。

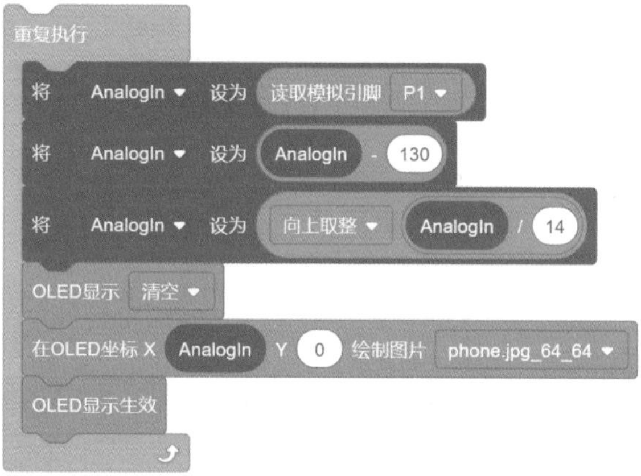

图6.13 移动图片显示位置的程序积木块

由于电话图片本身高为64，所以这里实际上是通过旋钮让图片左右移动。这段程序积木块中增加了一个变量AnalogIn，在每次循环的开始，这个变量中首先保存P1引脚模拟量输入的值，即旋钮的状态值，这个值的范围为130～1965。然后为了将这个值与显示图片的x坐标相对应（因为OLED显示屏宽128，所以x坐标的范围为0～128），这里先将AnalogIn减去130，再除以14（14是用1 965与130的差值除以128得到的，即[（1965−130）÷128≈14]，最后取结果的整数值作为显示图片的x坐标值。

将程序刷入大师兄板，然后调整旋钮，此时就会看到图片的位置随着旋钮的转动而移动。由于文本代码中表示图片的字节数组比较长，因此这里就不展示具体的内容了。

第7章 电机与舵机控制

OpenHarmony

了解了大师兄板下方金手指引脚的各种功能之后，本章我们结合这些引脚的功能介绍大师兄板的驱动能力。

7.1 直流电机

直流电机是将直流电能转换成机械能的装置，它是目前应用最广泛的一种驱动器件，具有效率高、调速性能好和启动转矩大等特点。

7.1.1 直流电机的工作原理

直流电机是应用磁感应原理将电能转换为机械能的装置，在磁场中放入通有电流的导体就会产生磁感应效应，驱动导体运动。直流电机的结构由定子和转子两大部分组成。直流电机运行时静止不动的部分称为定子，定子的主要作用是产生磁场，通常使用永久磁体来作为定子。运行时转动的部分称为转子，其主要作用是产生电磁转矩和感应电动势，是直流电机进行能量转换的枢纽，通常使用绕组来作为转子。

图7.1为一个直流电机的模型，在一对静止的磁极N和S之间，安装一个可绕Z轴旋转的矩形线圈$abcd$，这个转动的部分通常叫作电枢，线圈的两端a和b分别接到叫作换向片的两个半圆形铜环上，两个换向片之间彼此是绝缘的，它们和电枢装在同一根轴上，随电枢一起转动。A和B是两个固定不动的碳质铜刷，它们和换向片间是滑动接触的。来自直流电源的电流就是通过电刷和换向片流入线圈的。

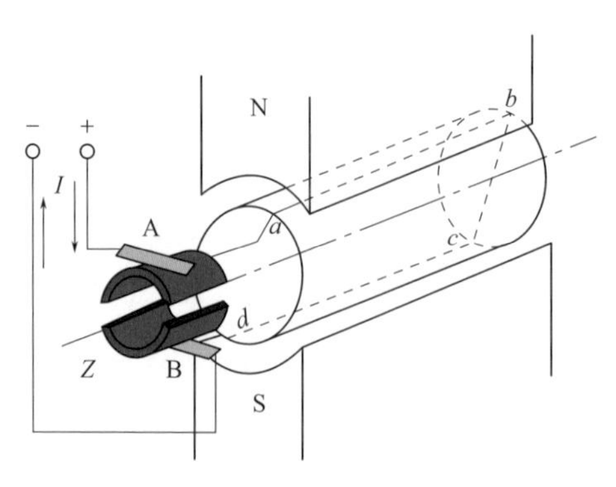

图7.1 直流电机模型图

当电刷A和B分别与直流电源的正极和负极接通时，电流从电刷A流入，而从电刷B流出。这时线圈中的电流方向是从a流向b，从c流向d。由于磁感应效应，当电枢在如图7.2（a）所示的位置时，线圈ab边的电流从a流向b，用圆圈中带一个加号表示，会受到一个向左下方的力；线圈cd边的电流从c流向d，用圆圈里带一个点表示，会受到一个向右上方的力。这样，电枢上就产生了一个逆时针方向的转矩，电枢就沿着逆时针方向转动起来。

当电枢转到使线圈ab边从N极进入S极，而cd边从S极进入N极，与线圈a端连接的换向片跟B接触，而与线圈d端接触的换向片跟A接触，即如图7.2（b）所示，线圈内的电流方向变为从d流向c，再从b流向a，从而保证在N极下方的导体中电流方向不变，因此转矩的方向也不变，电枢依然按照原来的方向旋转。这样，再通过传动装置，直流电机就可以带动其他部件转动了。

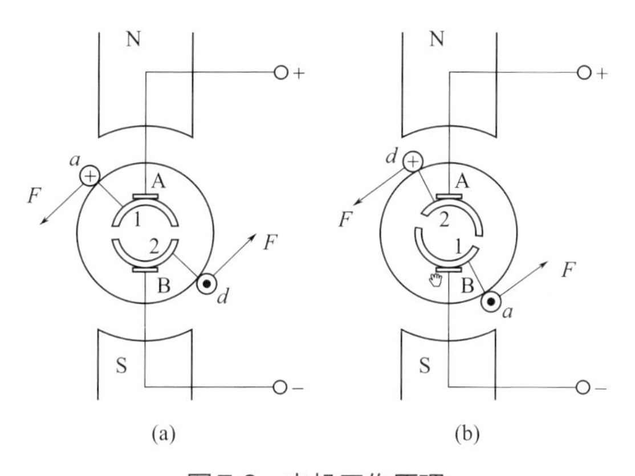

图7.2　电机工作原理

由原理分析可以发现，线圈中的电流越大，那么线圈在磁场中所受的力就越大，电机的转速就会越快；反之电流越小，电机转速就越慢。

实际应用中，由于电机转动的时候电流较大，再加上驱动电机转动的电压可能和控制板的电压不一样，因此不会直接用引脚来驱动电机。通常的做法是使用三极管控制电机电路的通断，如图7.3所示。

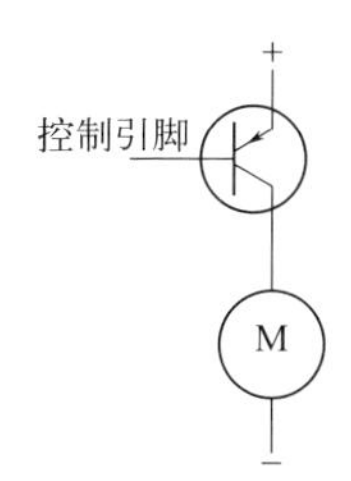

图7.3　使用三极管控制电机电路的通断

图7.4就是一个集成了三极管以及必要保护电路的带风扇的电机模块。该模块也采用防插反的三线端口，使用时将其接到大师兄板的任意一个引脚，就能够通过引脚的数字量输出功能驱动电机旋转。如果使用引脚的PWM输出功能，还能够调节电机的转速（与使用LED模块类似）。

图7.4 恩孚科技的电机模块

7.1.2 直流电机的控制

之前的操作只能驱动电机转或不转，但对直流电机的控制其实主要是指控制电机的正反转。直流电机的正反转实际上是通过变换直流电压的正负极实现的。在如图7.1所示的直流电机模型中，当电刷A和B分别与直流电源的正极和负极接通时，电枢逆时针旋转，若A端接直流电源负极，B端接直流电源正极，则直流电机顺时针旋转。在实际应用中常采用如图7.5所示的电路来驱动直流电机。

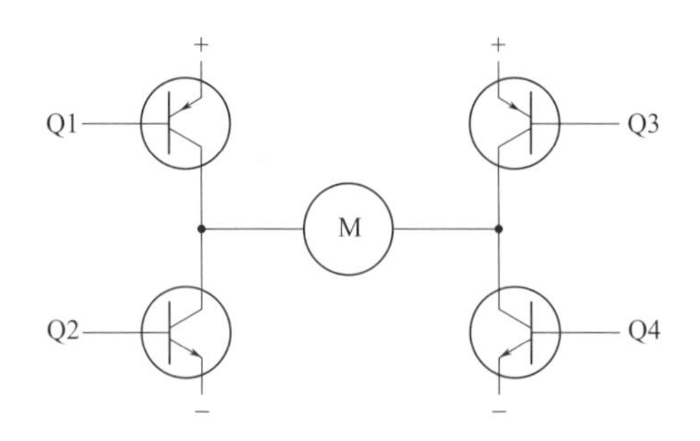

图7.5 H桥驱动电路示意图

因为这个电路的形状酷似字母H，因此被称为H桥驱动电路。在图7.5中，H桥驱动电路包括四个三极管和一个电机。要使电机运转，必须导通对角线上的一对三极管。根据不同三极管对的导通情况，电流可能会从左至右或从右至左流过电机，从而控制电机的转向。

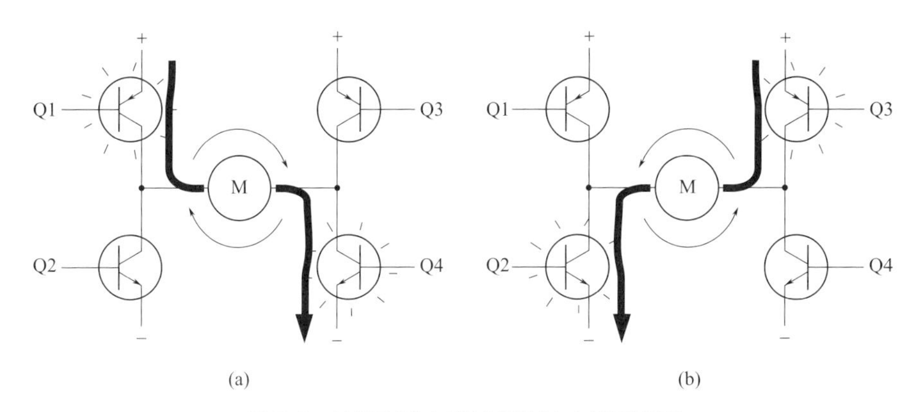

图7.6　H桥驱动电路控制直流电机示意图

如图7.6（a）所示，当Q1管和Q4管导通时，电流从电源正极经Q1从左至右穿过直流电机，然后再经Q4回到电源负极，从而驱动直流电机沿一个方向旋转（假设电流由左向右穿过电机时，直流电机顺时针旋转）；在图7.6（b）中另一对三极管Q2和Q3导通的情况下，电流将从右至左流过直流电机，从而驱动直流电机沿另一方向转动。

7.1.3　电机驱动芯片

大师兄板要驱动电机需要使用专门的带有电机驱动芯片的电机驱动板，常见的电机驱动芯片有L9110。L9110是为控制和驱动电机设计的两通道推挽式功率放大专用集成电路器件，它将分立电路集成在单片芯片之中，使外围器件成本降低，整机可靠性提高。该芯片有两个TTL/CMOS兼容电平的输入，具有良好的抗干扰性；两个输出端具有较大的电流驱动能力，能直接驱动电机的正反向运动。每通道能通过800 mA的持续电流，峰值电流能力可达1.5 A。同时该芯片还具有较低的输出饱和压降，内置的钳位二极管能释放感性负载的反向冲击电流，使它在驱动继电器、直流电机、步进电机或开关功率管的使用上安全可靠。该芯片的具体参数如下。

- ❑ 极限参数：800 mA/2.5 ~ 12 V。
- ❑ 低静态工作电流：0.00 ~ 2.00 μA。
- ❑ 宽电源电压范围：2.5 ~ 12 V。

☐ 每通道输出能力：800 mA连续电流。

☐ 工作温度：−30 ~ 105 ℃。

L9110的引脚图如图7.7所示。

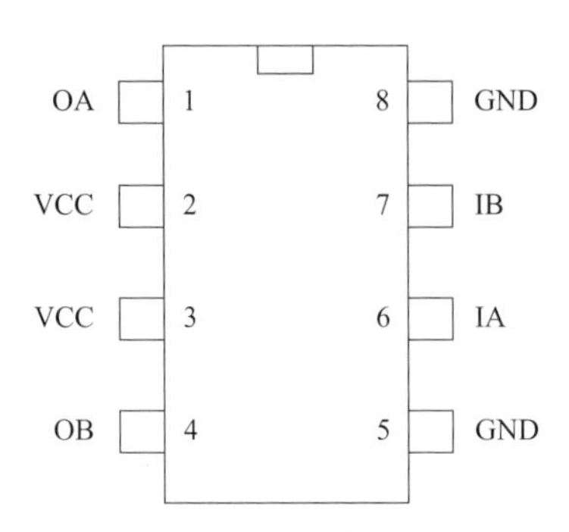

图7.7　L9110的引脚图

L9110芯片各引脚的具体功能描述如表7.1所示。

表7.1　L9110芯片各引脚的功能

序号	标识	说明
1	OA	A路输出
2	VCC	电源
3	VCC	电源
4	OB	B路输出
5	GND	接地
6	IA	A路输入
7	IB	B路输入
8	GND	地

前面我们介绍过驱动电机采用的是H桥驱动电路，这里L9110芯片内也是同样的驱动电路。不过在图7.5中的H桥驱动电路中，如果Q1和Q2同时导通，或者是Q3和Q4同时导通的话，那么就会造成电源短接，因此在芯片中做了适当处理，我们可以理解为用一个引脚来控制Q1和Q2，当Q1导通的时候Q2不导通，当Q2导通的时候Q1不导通。同时再用另一个引脚来控制Q3和Q4，当Q3导通的时候Q4不导通，当Q4导通的时候Q3不导通。芯片内部可以理解为如图7.8所示的形式。

在图7.8中，当IA输入高电平时，Q1导通，IA通过一个非门之后Q2不导通，此时OA输出控制电机电源的高电平；而当IA输入低电平时，Q2导通，Q1不导通，则OA输出低电平。同理，IB和OB的情况类似。

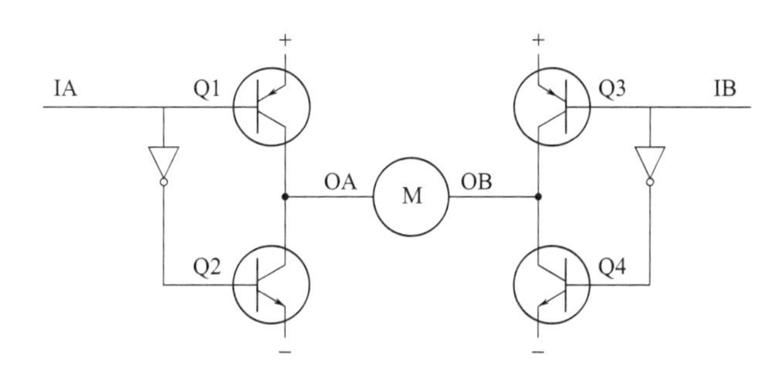

图7.8　L9110芯片内部示意图

电路连接中会将IA和IB连接到大师兄板具有PWM输出功能的引脚，OA和OB连接到电机的两端。控制电机时，如果IA输入高电平，IB输入低电平，则OA输出控制电机电源的高电平，OB输出低电平，直流电机顺时针旋转（假设电流由左向右穿过电机时，直流电机顺时针旋转），此时如果在IA输入PWM信号，还能通过调整PWM信号的占空比调节电机的转速。同理，IA输入低电平、IB输入高电平的情况类似，不过此时电机逆时针旋转。而当IA和IB同时输入高电平或低电平时，OA和OB输出的电压相等，电机静止不转。

7.2 舵机

舵机又叫作伺服电机，最早出现在航模运动中，主要用于遥控模型的运动姿态，是控制模型动作的主要部件，其工作过程是把所收到的电信号转换成舵机输出轴上的角位移输出。

7.2.1 舵机的工作原理

最简单的舵机就是一个直流电机加上一个减速器，增大输出的转矩，同时再添加一块控制器电路，它将传送到舵机的控制信号转换成输出轴的运动，并且设置了一个电位器可随时检测输出轴的位置，所以控制器电路可以将输出轴精确地转至设定的位置并维持在该位置。舵机由三部分构成：直流电机、高效而轻便的齿轮箱以及一块单线控制的控制器电路。

直流电机的这种控制类型叫作电机闭环控制，这也是伺服电机这个称呼的由来。一般舵机的转动角度在−90°到90°之间，或者说是0°到180°之间，其输入信号是脉宽在0.5 ms ～ 2.5 ms变化的脉冲信号，而舵机本身也有一个自身的信号源，它产生的脉宽也是0.5 ms ～ 2.5 ms，但是极性和输入的0.5 ms ～ 2.5 ms信号相反。把这两个信号比对，就会出现正差或者负差，这个差就是左右舵机电机正反转的依据。电机本身还联动一个电位器，这个电位器的变化就改变了自身信号源的脉宽，电机的转动最终会使输入和输出信号等宽，这个时候舵机进入平衡位置，即停转。通用舵机的结构如图7.9所示。

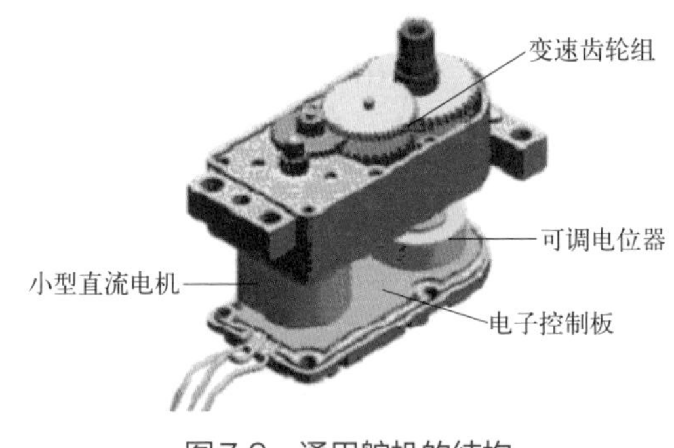

图7.9　通用舵机的结构

7.2.2　舵机的控制方式

标准的舵机有3条线，分别是电源、地和信号线。电源和地用于提供内部的直流电机及控制线路所需的能量，电压通常介于4 ～ 6 V之间。由于舵机内的电机会产生噪声，所以该电源应尽可能与处理系统的电源隔离。信号线是一个脉冲信号，高电平时间通常在0.5 ms ～ 2.5 ms之间，低电平时间应在5 ms ～ 20 ms之间，舵机每20 ms必须接收到高电平信号，否则舵机将不能维持在原来的位置。如表7.2所示为一个典型的脉冲信号与舵机位置的关系。

表7.2　典型的脉冲信号与舵机位置的关系

高电平脉宽	舵机位置
0.5 ms	≈　–90°
1.0 ms	≈　–45°

续表

高电平脉宽	舵机位置
1.5 ms	≈ 0°
2.0 ms	≈ 45°
2.5 ms	≈ 90°

7.2.3　舵机的选择

舵机的选择需要确定它的速度、强度以及应用环境对大小的限制。一般来说，舵机的外形尺寸越小，输出的速度和强度越小；外形尺寸越大，输出越强劲。在尺寸固定的情况下，衡量舵机的性能一般有两个指标——强度以及转动60° 大小的角度所需要的时间。舵机一般的速度是0.22 s，即舵机需要0.22 s转动60° 。舵机的强度除了它的输出力矩之外，采用什么样的齿轮也是一个重要的因素。绝大多数舵机采用的是塑料齿轮，最昂贵的舵机采用黄铜齿轮。但是，即使是金属齿轮舵机，其中也会有一个齿轮是塑料的。这是因为舵机在运转过程中，堵转可能造成舵机某个地方的损坏，制造者会将塑料齿轮放在某个预选的损坏处。另一个选择和划分舵机的原则是看其输出轴上是否装有滚动轴承。与塑料或者含油轴承相比，滚动轴承使得舵机运转相对更安静、更强劲、更坚固、更耐久。

7.2.4　舵机的控制

对于大师兄板来说，由于其工作电压是3.3 V的，所以如果想通过大师兄板直接控制舵机的话，可以使用9 g的小舵机，其外形如图7.10所示。这种舵机的工作扭矩为1.6 kg/cm[1]，工作电压为3.0 ～ 5.5 V。

---

[1] 1kg/cm = 0.098N · m。

图7.10　9 g小舵机的外形

程序积木方面，如果直接用引脚来控制舵机，只需要让引脚按照要求输出对应宽度的高电平脉冲即可，不过这种方式需要在程序中时刻关注高电平脉冲的宽度。如果我们希望大师兄板自动地输出对应宽度的高电平脉冲，那么可以使用专门针对舵机的程序积木。要使用控制舵机的程序积木，首先要单击PZStudio中角色区下方的“添加一个外设”按钮，如图7.11所示。

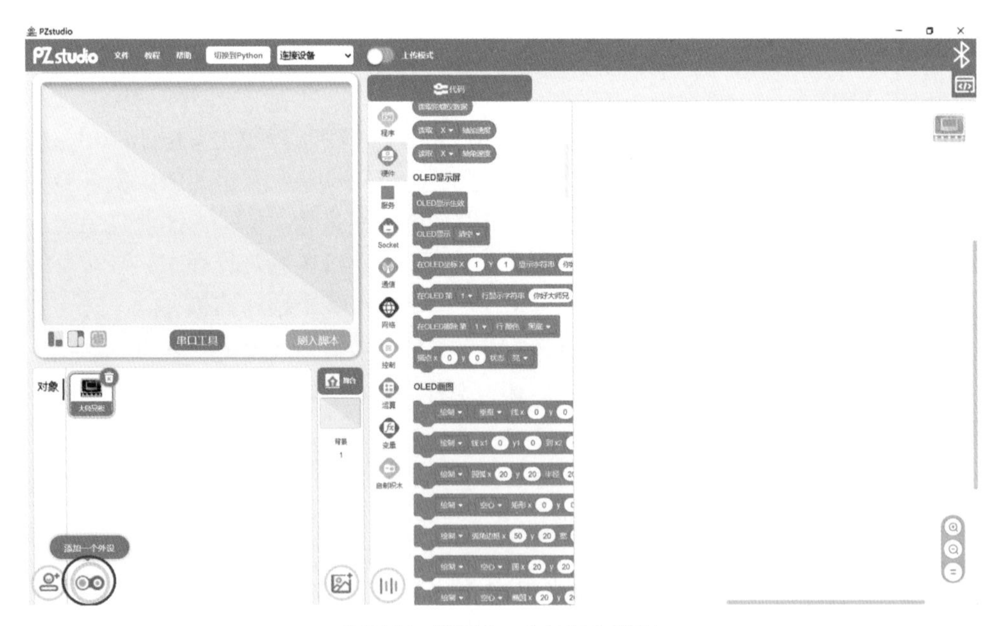

图7.11　“添加一个外设”按钮

然后在弹出的对话框中选择“舵机”，如图7.12所示。此时在PZStudio的程序积木中就会出现与控制舵机相关的程序积木，如图7.13所示。

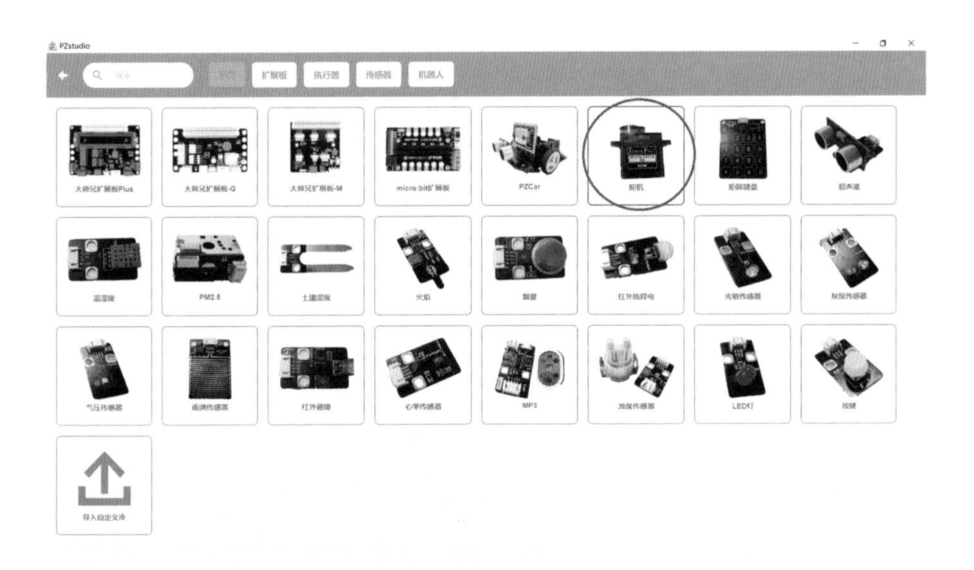

图7.12　添加舵机

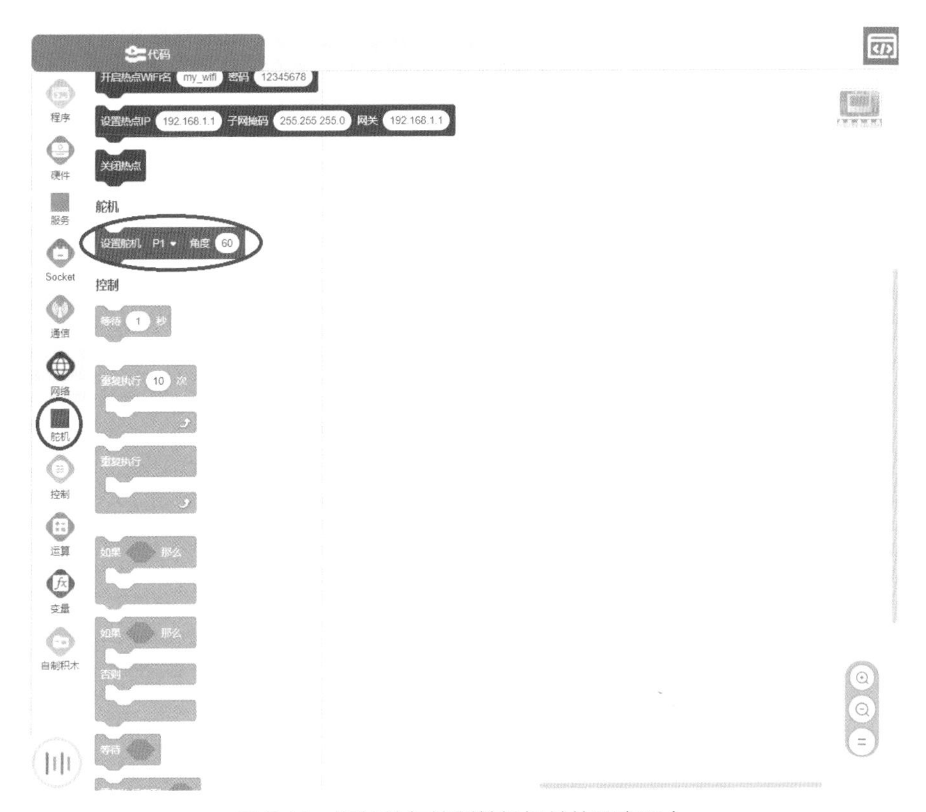

图7.13　添加的与控制舵机相关的程序积木

这里其实只有一个“设置舵机角度”的程序积木，利用这个积木实现一个让舵机在45°到135°之间来回摆动的示例，对应的程序积木块如图7.14所示。这里将舵机连接到大师兄板的引脚P1，连接效果如图7.15所示（为了更直观地看到舵机输出轴的摆动，最好装一个舵盘）。刷入程序后，就会看到舵机来回摆动，如图7.14所示的程序积木块对应的文本代码如下。

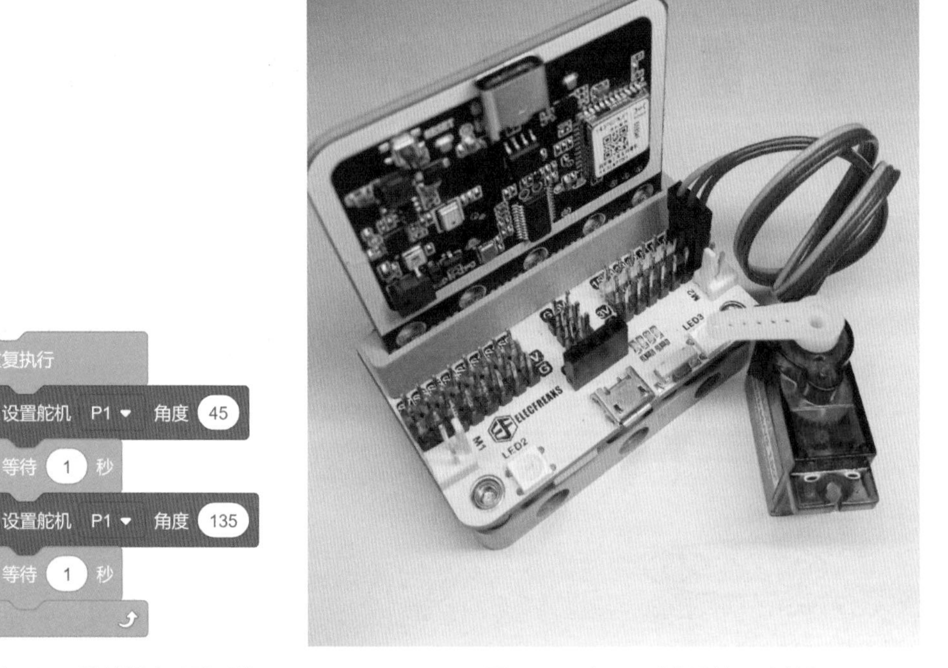

图7.14　让舵机在45°到135°之间来回摆动的示例

图7.15　在P1引脚连接一个舵机

```
from ext_device import Servo
servo1 = Servo(1)
import time

while True:
  servo1.angle(45)
  time.msleep(1000);
  servo1.angle(135)
  time.msleep(1000);
```

舵机属于额外添加的外部设备，所以先要从ext_device库中导入Servo类，然后生成一个Servo类的对象servo1。大师兄板金手指上的每个引脚都能够驱动舵机，因此在生成对象的时候需要一个表示引脚的参数。这里因为使用的引脚为P1，所以参数为1。

接着在程序中使用servol对象的angle()方法来设定舵机的角度，方法的参数即为角度值，取值范围为0 ～ 180。

7.2.5　示例：通过旋钮调整舵机角度

了解了大师兄板如何控制舵机之后，本节将完成一个通过旋钮调节舵机角度的示例。硬件连接方面将旋钮连接到引脚P2，将舵机连接到引脚P1，连接效果如图7.16所示。对应完成后的程序积木块如图7.17所示。

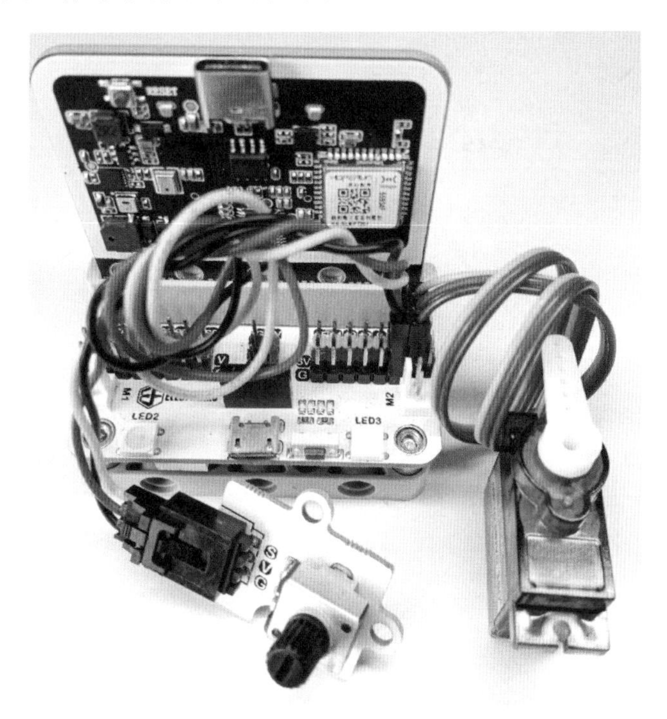

图7.16　通过旋钮调节舵机角度示例的硬件连接

这段程序积木块和之前6.3.3节移动图片显示位置的示例很像，所不同的是之前调整的是图片显示的位置，而这里调整的是舵机的角度。如图7.17所示的程序积木块对应的文本代码如下。

图7.17　通过旋钮调节舵机角度示例的程序积木块

```
from machine import ADC
adc2 = ADC(2)
from ext_device import Servo
servo1 = Servo(1)
import math
AnalogIn = 0

while True:
  AnalogIn = adc2.read()
  AnalogIn = (AnalogIn - 130)
  AnalogIn = math.ceil((AnalogIn / 10))
  if(AnalogIn < 0)  :
    AnalogIn = 0
```

```
    if(AnalogIn > 180) :
      AnalogIn = 180
    servo1.angle(AnalogIn)
```

这段程序中，由于舵机转动的角度范围是0°～180°，因此在计算的时候稍微改动了一点，之前为了得到0～128的值，在除法运算中的除数为14，而这里为了得到0～180的值，所以在除法运算中的除数为10。另外，为了保证最后传给舵机的角度值在0°～180°之间，还通过两个条件语句进行了处理。最后处理完之后设定舵机的角度。

将程序刷入大师兄板，然后调整旋钮，此时就会看到舵机上的舵盘随着旋钮的转动而转动。

7.3 悟空扩展板上扩展的电机和舵机接口

6.1节中介绍悟空扩展板的时候说过该扩展板还额外集成了舵机驱动、电机驱动，本节就来看看如何使用扩展板额外的舵机驱动、电机驱动。

7.3.1 I2C接口

悟空扩展板额外集成的舵机驱动、电机驱动可以通过I2C来控制，在具体使用扩展板额外的舵机驱动、电机驱动之前，本小节先来介绍一下这个接口。

I2C接口（inter-integrated circuit，还简写为IIC或I^2C）是一种串行通信总线接口形式，使用主从架构，用于多个设备之间的通信。因为这种接口形式连线较少，并具有自动寻址、多主机时钟同步和仲裁等功能，因此，这种接口在各类实际应用中得到了广泛应用。

在物理层面，I2C接口除了电源线之外，只有两根信号线，一根是双向的数据线SDA，另一根是时钟线SCL。所有接到I2C总线上的串行数据SDA都接到总线的SDA上，各设备的时钟线SCL接到总线的SCL上。由于所有的设备都是接在一起的，为了避免总线信号的混乱，所以要求各设备连接到总线的输出端时必须是漏极开路（OD）输出或集电极开路（OC）输出。设备上的串行数据线SDA接口电路应该是双向的，输出电路用于向总线上发送数据，输入电路用于接收总线上的数据。而串行时钟线SCL也应是双向的，作为控制总线数据传送的主机，一方面要通过SCL输出电路发送时钟信号，另一方面还要检测总线上的SCL电平，以决定什么时候发送下一个时钟脉冲电平；作为接收主机命令的从机，要按总线上的SCL信号发出或接收SDA上的信号，也可以向SCL线发出低电平信号以延长总线时钟信号周期。

I2C接口使用主从架构，因此总线上必须有一个主设备。所谓主设备，是指启动数据的传送（发出启动信号）、发出时钟信号以及传送结束时发出停止信号的设备，总线的运行（数据传输）就是由主设备控制的。由于所有的设备都是接在一起的，所以总线上的数据是所有设备都会接收到的，那设备是怎么判断对应的数据是不是发给自己的呢？总线中被主设备寻访的设备称为从设备。为了进行通信，实际上每个接到I2C总线的设备都有一个唯一的地址，以便于设备寻访。主设备在和从设备进行数据传送时，都会附带地发送地址信息，这样从设备就知道这个信息是发送给自己的了。数据传送可以由主设备发送数据到从设备，也可以由从设备发送到主设备。凡是发送数据到总线的设备称为发送器，从总线上接收数据的设备称为接收器。为了保证数据可靠地传送，任意时刻总线只能由某一台主设备控制。

7.3.2 I2C接口的应用

大师兄板上金手指引脚P19默认作为I2C接口的SCL，而P20默认作为I2C接口的SDA，大师兄板上的OLED显示屏和加速度传感器都接到了这个I2C接口上。

程序积木中I2C相关的程序积木如图7.18所示。

如果想知道I2C接口上总共接了多少设备，可以通过如图7.19所示的程序积木块实现。

这段程序积木块实现的功能是扫描I2C接口，然后返回所有连接设备的地址，这里将这些地址显示在OLED显示屏的第一行。图7.19所对应的文本代码如下。

```
from machine import I2C
from device import OLED
oled = OLED(0x3c)
iic = I2C(0,freq=400000)
oled.fill_screen(0)
oled.show_str_line(str(iic.scan()),1,1)
oled.flush()
```

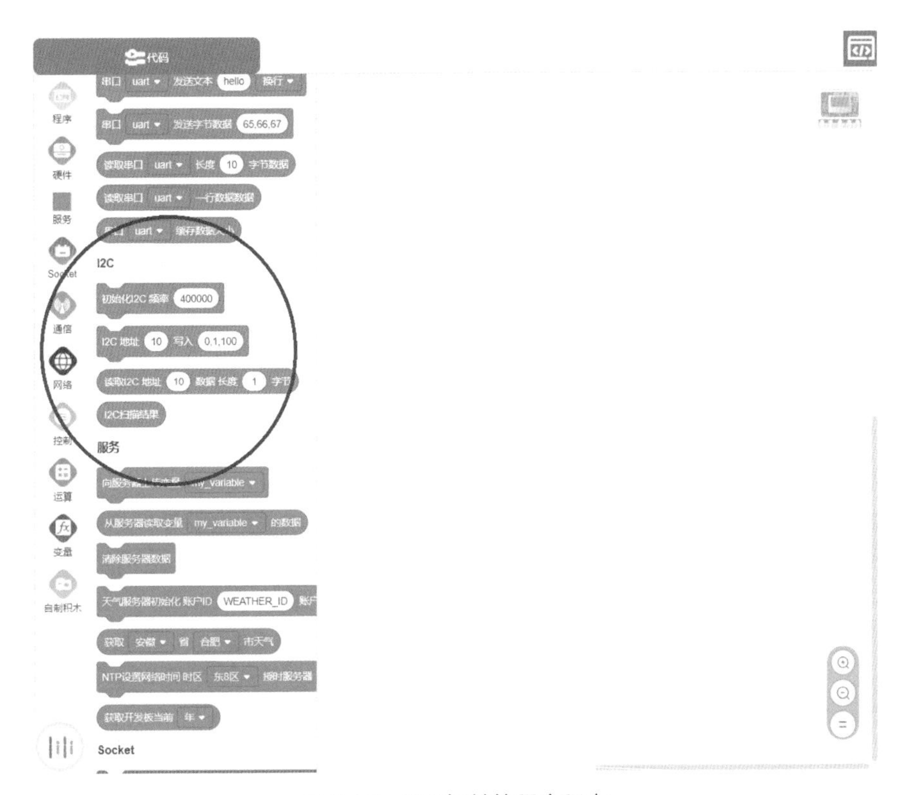

图7.18　I2C相关的程序积木

初始化I2C 频率 400000
OLED显示 清空
在OLED 第 1 行显示字符串 I2C扫描结果 颜色 黑底白字
OLED显示生效

图7.19　扫描I2C接口上的设备

使用I2C接口需要用到machine库的I2C类，因此代码中先导入I2C类，然后生成一个I2C类的对象iic。在生成iic对象的时候需要一些参数，具体参数说明见表7.3。

表7.3　iic对象参数说明

参数	说明
index	序号(大师兄板只有0可用)
freq	频率，默认为400000

对象生成后，可以使用对象的方法scan()来扫描接口。该方法能扫描0x08和0x77之间的所有从设备的I2C地址，并返回相应的列表。

这里如果连接了悟空扩展板，则OLED显示屏上显示的信息为

```
[16, 35, 56, 60, 87, 104]
```

而如果没有连接悟空扩展板，则OLED显示屏上显示的信息为

```
[35, 56, 60, 87, 104]
```

这样就能知道悟空扩展板的I2C地址为16。在剩下的地址中，基于本书目前介绍的内容，我们只能知道OLED显示屏的地址为60（十六进制0x3c）。

除了scan()方法之外，iic对象还有读取数据的read(addr)方法和写数据的write(addr,data)方法。其中，write(addr,data)方法的功能是发送数据给从设备，参数说明见表7.4。

表7.4 write(addr,data)方法参数说明

参数	说明
addr	从设备地址
data	要写入的数据(数组)

而read(addr)方法的功能是读取数据，该方法的参数为从设备地址。

7.3.3 扩展电机接口

了解了I2C接口的使用方法之后，本节就来看一下如何使用扩展板额外的电机驱动。悟空扩展板上额外的电机驱动对应的电机接口如图7.20所示。

使用额外的电机驱动需要发送的数组为

```
[motor,direction,speed,end]
```

其中，motor表示电机编号，悟空扩展板上有两个电机接口，分别标注为M1和M2，对应的编号为1和2；direction表示方向，1为正转，2为反转；speed表示速度，该值的取值范围为0～100，表示0%～100%；end表示数组结束，默认为0。

依照这个定义，如果要让接在M1的电机以80%的速度转1 s停1 s，则对应的程序积木块如图7.21所示。

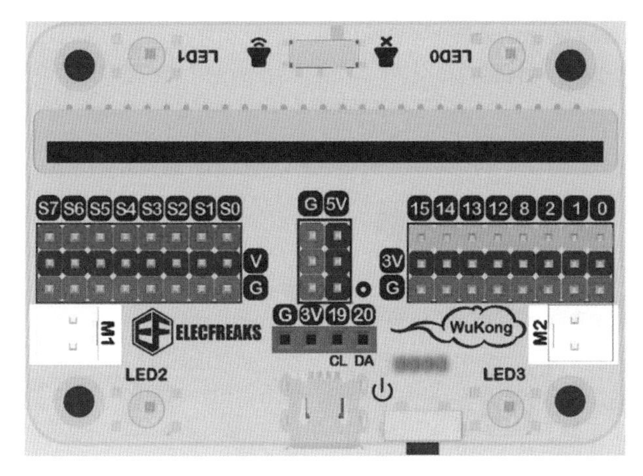

图7.20　悟空扩展板上额外的电机驱动对应的电机接口

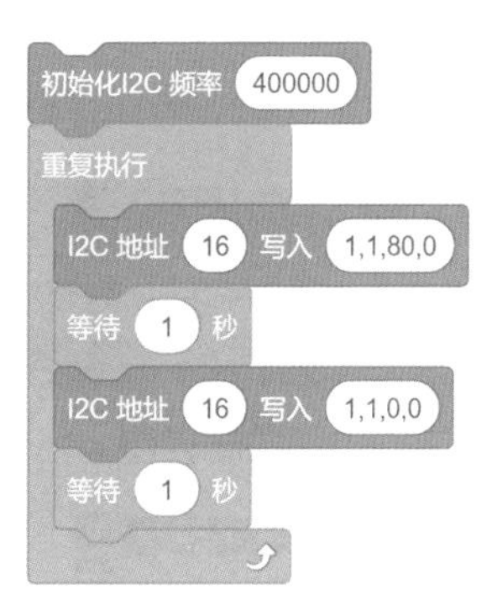

图7.21　使用扩展电机接口驱动电机的程序积木块

对应的文本代码如下。

```
from machine import I2C
import time

iic = I2C(0,freq=400000)
while True:
  iic.write(16,bytes([1,1,80,0]))
  time.msleep(1000);
  iic.write(16,bytes([1,1,0,0]))
  time.msleep(1000);
```

7.3.4　扩展舵机接口

悟空扩展板上额外的舵机驱动对应的舵机接口如图7.22所示。

使用额外的舵机驱动需要发送的数组为

```
[servo,angle,none,end]
```

其中，servo表示接口编号，悟空扩展板上可以再接8个舵机，分别标注为S0，S1，S2，…，S7，对应的编号为3、4、5、6、7、8、9和16（0x10，S7要特别留意，它的编号对应十进制为16）；angle表示角度，该值的取值范围为

0 ～ 180；none表示未用，默认为0；end表示数组结束，默认为0。

依照这个定义，如果要让接在S0的舵机实现在45° 到135° 之间来回摆动的示例，对应的程序积木块如图7.23所示。

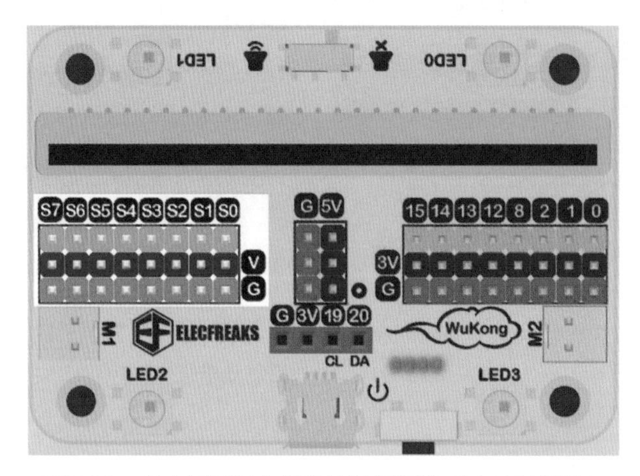

图7.22 悟空扩展板上额外的舵机驱动对应的舵机接口

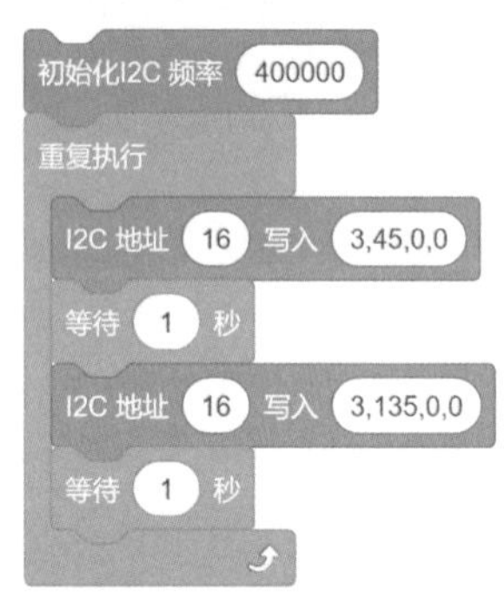

图7.23 使用扩展舵机接口驱动舵机的程序积木块

对应的文本代码如下。

```
from machine import I2C
import time

iic = I2C(0,freq=400000)
while True:
  iic.write(16,bytes([3,45,0,0]))
  time.msleep(1000);
  iic.write(16,bytes([3,135,0,0]))
  time.msleep(1000);
```

至此，本书中关于电机和舵机的控制就先告一个段落了，电机和舵机是机器人当中常用的执行机构，如果大家能够结合机器人的制作来学习电机和舵机控制的内容，一定能事半功倍。

第8章 网络应用

OpenHarmony

大师兄板自带WiFi功能，这个特征让大师兄板非常适合作为物联网设备的产品原型制作，在不用单独布线、架线的情况下可直接连接到附近的网络当中，作为一个网络节点设备。本章我们就来介绍一下大师兄板的网络应用。

8.1 WiFi介绍

8.1.1 无线通信

无线通信(wireless communication)是利用电磁波信号可以在自由空间中传播的特性进行信息交换的一种通信方式。与有线通信相比，无线通信不需要架设传输线路，不受通信距离限制，机动性好，建立迅速；但信号易受干扰或易被截获，易受自然因素影响，保密性差。

早期由于电子元器件的限制，人们只能使用20 kHz ～ 30 MHz的短波频率完成无线通信。但20世纪60年代以后，人们把频率扩展到150 MHz和400 MHz，无线通信的质量也越来越高。同时技术上晶体管的出现，使移动电台向小型化方面大大前进了一步，效果也比以前有了明显的好转。之后无线通信的频率又扩展到0.3 ～ 300 GHz的微波，微波的频带很宽，通信容量很大，但它传送的距离一般只有几十千米，所以每隔几十千米就要建一个微波中继站，以确保几千千米外的无线通信接收者能够享受到与无线通信发射者相同的信号质量。因而，在1939年就显现雏形的中继通信，在11年后的1950年开始大放光彩。这也要得益于发展到集成电路阶段的电子技术。

8.1.2 无线网络

无线通信经历了从电子管到晶体管再到集成电路，从短波到超短波再到微波，从模拟方式到数字方式，从固定使用到移动使用等各个发展阶段，无线电技术已成为现代信息社会的重要支柱。

无线通信发展的同时，计算机网络也在不断的发展。在传统的有线网络基础上，20世纪70年代，人们就开始了无线网络的研究，即通过无线的方式来将各个设备组成网络。因为最开始的时候无线网络是作为有线网络的一个补充，所以其遵循IEEE802.3标准。在整个20世纪80年代，伴随着以太网的迅猛发展，无线网络以不用架线、灵活性强等优点，赢得了特定市场的认可。

随着无线网络的发展，一些隐藏的问题也逐渐暴露出来。直接架构于IEEE802.3上的无线网络产品存在着易受其他微波噪声干扰、性能不稳定、传输速率低且不易升级等缺点，不同厂商的产品相互之间不兼容，这一切都限制了无线网络的进一步应用。于是，制定一个有利于无线网络自身发展的标准就提上了议事日程。1997年6月，IEEE终于通过了802.11标准。

802.11标准是IEEE（电气与电子工程师协会）制定的无线局域网标准，主要是对网络的物理层(PH)和媒质访问控制层(MAC)进行了规定，其中对MAC层的规定是重点。各厂商的产品在同一物理层上可以互操作，逻辑链路控制层(LLC)是一致的，即MAC层以下对网络应用是透明的，这样就使得无线网络的两种主要用途——“(同网段内)多点接入”和“多网段互联”，易于质优价廉地实现。

8.1.3 WiFi

确切地说，WiFi是无线网络技术的一个品牌，由WiFi联盟所持有。WiFi的目的是改善基于IEEE 802.11标准的无线网络产品之间的互通性，它只是无线网络中的一个具体的实现技术，但因为在现实生活中WiFi的广泛应用，所以有人把使用IEEE 802.11系列协议的局域网就称为WiFi，甚至把WiFi等同于无线网络。

WiFi是有线网络的一个延伸，以前的计算机通过网线联网，而WiFi则通过无线通信的形式联网。常见的应用场景是采用无线路由器将有线网络转换成无线网络，那么在这个无线路由器的电波覆盖的有效范围内都可以采用WiFi连接方式进行联网。如果无线路由器连接了一条ADSL（非对称数字用户线路）或者别的上网线路，则这个无线路由器又被称为热点。

8.2 连接网络

8.2.1 连接WiFi

大师兄板连接WiFi需要用到“网络”分类中的程序积木，如图8.1所示。利用对应的程序积木连接WiFi的程序积木块如图8.2所示。

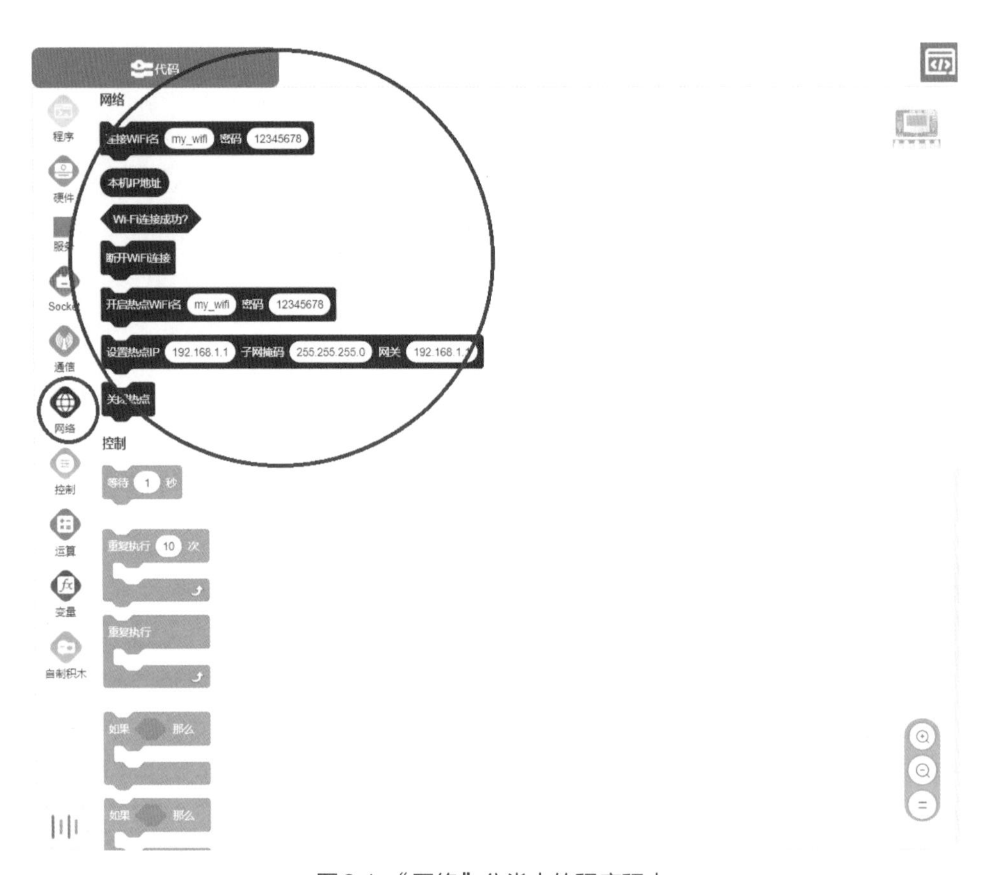

图8.1 “网络”分类中的程序积木

图8.2 连接WiFi的程序积木块

这段程序中的第一个程序积木中要填写自己所连接网络的名称与密码（下同），接着程序会等待连接成功，然后在 OLED 显示屏上显示大师兄板的 IP 地址。

8.2.2　network对象

图8.2对应的文本代码如下。

```
from device import OLED
oled = OLED(0x3c)
import network

network.connectWifi('my_wifi','12345678')
while ( not network.isconnected()) :
  pass
oled.fill_screen(0)
oled.show_str_line(str(network.ifconfig()[0]),1,1)
oled.flush()
```

连接WiFi需要先导入network库，库当中有一个network对象，该对象不但包括连接路由器的方法，也包括创建热点的方法。这里先利用对象的connectWifi(ssid,password)方法连接WiFi，该方法中需要填写自己所连接网络的名称与密码；然后通过对象的isconnected()方法判断大师兄板是否已经连接到WiFi；最后调用对象的ifconfig()方法获取自己的IP地址。

利用 ifconfig() 方法能够获取大师兄板的 IP 地址、子网掩码、网关、DNS 信息，其返回值是一个列表，因此如果只想获取 IP 地址，需要在方法之后添加 [0]，表示列表的第一项。

除了connectWiFi(ssid,password)方法、isconnected()方法以及ifconfig()方法，network对象还包括以下的方法。

- disconnectWiFi()：用于断开WiFi连接。
- startHotspot(essid, password)，用于创建热点。参数说明如下。

startHotspot(essid, password)	
参数	说明
essid	所创建的热点的名称
password	所创建的热点的密码

- ☐ stopHotspot()：用于关闭热点。
- ☐ configHotspot(ip,netmask,gateway)：用于配置热点。参数说明如下。

configHotspot(ip,netmask,gateway)	
参数	说明
ip	IP 地址
netmask	子网掩码
gateway	网关

基于以上的方法如果想创建热点，则对应的程序积木块如图8.3所示。

图8.3　创建热点的积木块

对应的文本代码如下。

```
import network

network.startHotspot('my_wifi','12345678')
network.configHotspot('192.168.1.1','255.255.255.0','192.168.1.1')
```

这里第一个程序积木或者 startHotspot(essid, password) 方法的参数中要填写自己创建热点的名称与密码。

8.3 网络通信

网络连接好之后，下一步就是要实现网络的通信。

8.3.1 TCP/IP协议

为了实现网络通信，就要保证通信的双方基于一套统一的数据形式。早期的网络通信，都是由各厂商自己规定一套数据发送、接收的形式，这些数据形式互不兼容。后来为了把全世界的所有不同类型的网络设备都连接起来，就规定了一套全球通用的数据形式，称为TCP/IP协议。

TCP/IP（transmission control protocol/internet protocol，传输控制协议/网络协议）是指能够在多个不同网络间实现信息传输的协议。TCP/IP协议实际上不仅仅指的是TCP和IP两个协议，而是指一个由FTP、SMTP、TCP、UDP、IP等协议构成的协议簇，只不过最重要的两个协议是TCP和IP协议，所以，大家把网络的协议简称为TCP/IP协议。

8.3.2　套接字

套接字(socket)是网络通信的基石，是对网络中不同主机上的程序之间进行双向通信的端点的抽象，是支持TCP/IP协议通信的基本操作单元。一个套接字就是网络通信的一端，是程序通过网络协议进行通信的接口。

套接字的形式为IP地址后面加上端口号，中间用冒号或逗号分隔开。例如，如果IP地址是192.168.1.35，而端口号是23，那么得到的套接字就是(192.168.1.35:23)。

在PZStudio当中，专门有“Socket”分类的程序积木，如图8.4所示。

8.3.3　网络通信流程

在网络通信中，通常会有一个设备一直处于等待别人发送通信请求的状态，这种设备通常称为服务器。相对的，会把请求通信的设备称为客户端。

根据连接启动的方式以及本地套接字要连接的目标，套接字之间的连接过程可以分为如下三个步骤。

1. 服务器监听

服务器监听是指服务器端套接字并不定位具体的客户端套接字，而是处于等待连接的状态，实时监控网络状态。

2. 客户端请求

客户端请求是指由客户端套接字提出连接请求，要连接的目标是服务器端套接字。为此，客户端套接字必须首先描述它要连接的服务器套接字，指出服务器

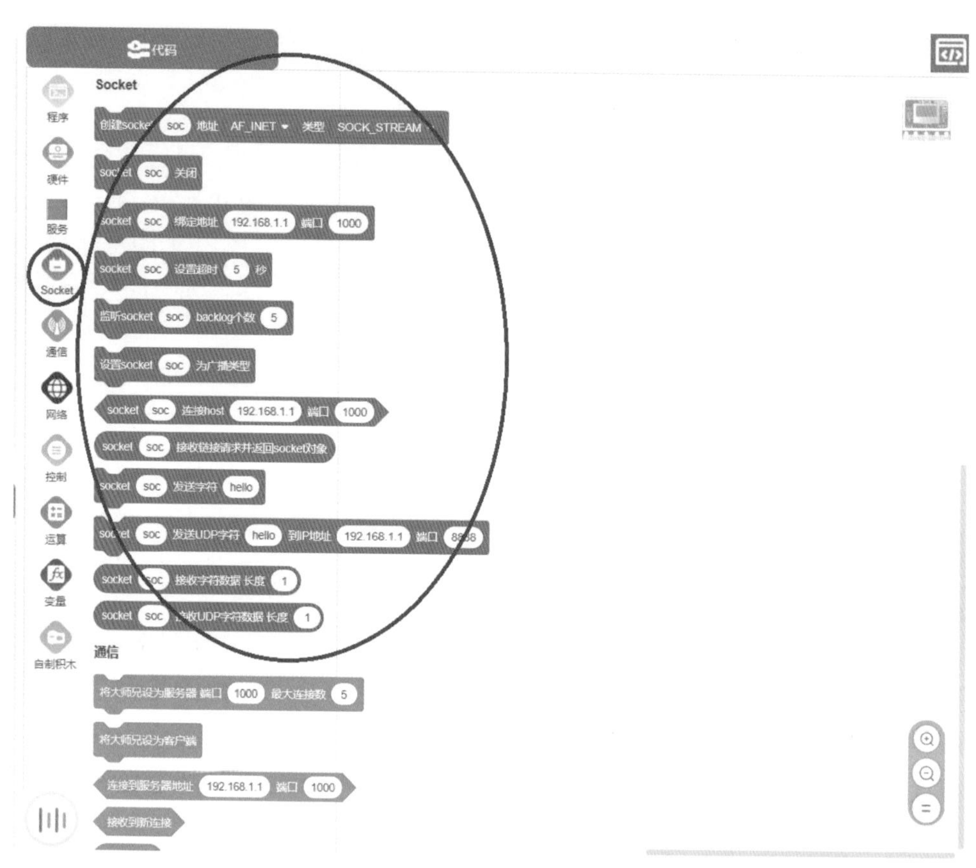

图8.4 “Socket”分类中的程序积木

端套接字的地址和端口号，然后就向服务器端套接字提出连接请求。

3. 连接确认

连接确认是指当服务器端套接字监听到或者说接收到客户端套接字的连接请求时，就会响应客户端套接字的请求，并把服务器端套接字的描述发送给客户端。一旦客户端确认了此描述，连接就建立好了。而服务器端套接字继续处于监听状态，接收其他客户端套接字的连接请求

根据以上的描述，我们来尝试一下通过网络实现与大师兄板的数据通信。对应的程序积木块如图8.5所示。

对应的文本代码如下。

```
from device import OLED
```

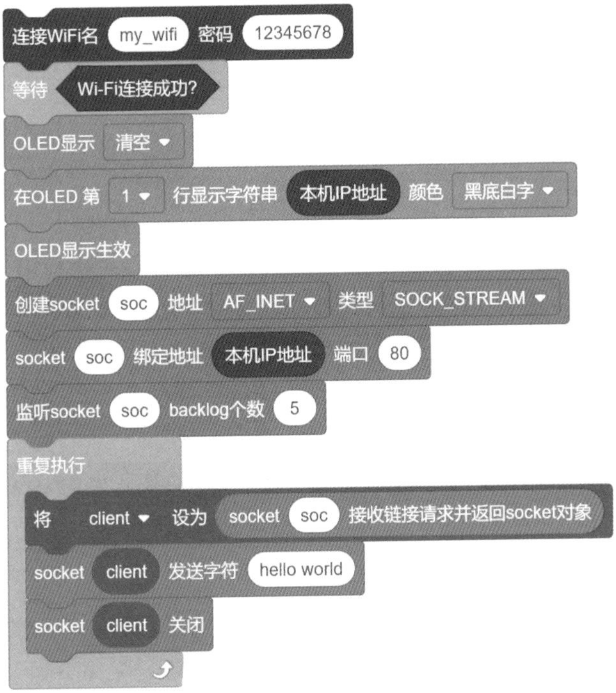

连接WiFi名 my_wifi 密码 12345678
等待 Wi-Fi连接成功?
OLED显示 清空
在OLED 第 1 行显示字符串 本机IP地址 颜色 黑底白字
OLED显示生效
创建socket soc 地址 AF_INET 类型 SOCK_STREAM
socket soc 绑定地址 本机IP地址 端口 80
监听socket soc backlog个数 5
重复执行
将 client 设为 socket soc 接收链接请求并返回socket对象
socket client 发送字符 hello world
socket client 关闭

图8.5 通过网络实现与大师兄板的数据通信

```
oled = OLED(0x3c)
import network
client = 0
import socket

network.connectWifi('my_wifi','12345678')
while ( not network.isconnected()) :
  pass
oled.fill_screen(0)
oled.show_str_line(str(network.ifconfig()[0]),1,1)
oled.flush()

soc = socket.socket(socket.AF_INET, socket.SOCK_STREAM)

soc.bind((network.ifconfig()[0], 80))
soc.listen(5)
```

```
while True:
    client = soc.accept()[0]
    client.send('hello world')
    client.close()
```

要应用Socket，当然需要先导入socket库。这个库中有一个socker类，因此导入库之后要先创建一个socker类的对象soc，创建对象时要调用构造函数

```
socket.socket(af, type)
```

该构造函数的参数说明如下。

socket(af, type)	
参数	说明
af	地址模式。有两个选项：socket.AF_INET表示TCP/IP – IPv4；socket.AF_INET6表示TCP/IP – IPv6
type	socket类型。有四个选项：socket.SOCK_STREAM表示TCP流；socket.SOCK_DGRAM表示UDP数据报；socket.SOCK_RAW表示原始套接字；socket.SO_REUSEADDR表示端口释放后立即就可以被再次使用

创建对象之后，使用对象的bind()方法绑定IP和端口号，然后通过listen(backlog)方法监听端口。listen()方法的参数backlog表示接收套接字的最大个数，这个数不能小于0（如果小于0将自动设置为0），超出后系统将拒绝新的套接字连接。

接着在循环中不断地接收连接请求，accept()方法会提取出所监听套接字的等待连接队列中的第一个连接请求，创建一个新的套接字，并返回指向该套接字的文件描述符。而这个文件描述符中的第一项就是客户端信息，因此这里的代码为

```
client = soc.accept()[0]
```

其中，client是这段程序中创建的一个变量。

建立连接之后的操作就是向客户端发送数据并关闭客户端，这里发送的是字符“hello world”。

将以上的程序刷入到大师兄板中，等待大师兄板正常连接网络之后（在OLED显示屏上显示了IP地址，这里为192.168.31.126），打开计算机端或手机端的浏览器，在地址栏中输入“192.168.31.126:80”（由于程序中设定的端口号为

80）并按下Enter键，此时就会看到如图8.6所示的显示内容。

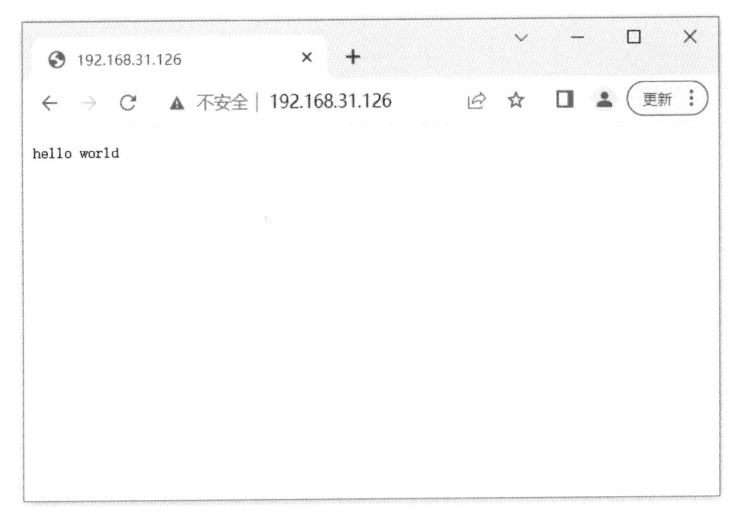

图8.6　在浏览器中显示“hello world”

这里浏览器中显示的字符即为程序中大师兄板向客户端发送的字符数据。

说明

当我们在浏览器地址栏中输入“192.168.31.126:80”并按Enter键之后，发现后面的“:80”消失了。这是因为80端口是为HTTP（hypertext transport protocol，超文本传输协议）开放的，浏览网页服务默认的端口号都是80，因此如果端口号为80，则不输入“:80”也可以。

8.4 以网页形式反馈

通常用浏览器显示的内容并不只是字符信息，因此本节我们就来让大师兄板返回一个网页。

8.4.1　网站网页

网页是构成网站的基本元素，是承载各种网站应用的平台。我们每天打开浏览器看到的各种信息都是通过网页展现出来的，网页之间通过相互间的链接最终构成了网络世界。如果你有一个网站，那么它也一定是由网页组成的，如果你只有域名和服务器而没有制作任何网页的话，你的客户仍旧无法访问你的网站。

网页是一个文件，是网络世界中的一“页”，这个文件通过HTML（超文本标记语言）格式书写，文件扩展名为“.html”。HTML文件通过浏览器解析后就会变成我们看到的网页，而浏览器通过用户在地址栏中输入的网页在网络中的位置来打开该网页文件，就像我们在自己的计算机上输入一个文件的地址打开一个文件一样。网页中的链接实际上也是一个个其他网页在网络中的位置，通过这些相互关联的链接，我们就能看到一个接着一个的网页。

8.4.2 HTML

HTML是标准通用标记语言下的一个应用，也是一种规范、一种标准，它通过标记符号来标记要显示的网页中的各个部分。标记符中的标记元素用尖括号括起来，带斜杠的元素表示该标记说明结束；大多数标记符必须成对使用，以表示作用的起始和结束；标记元素忽略大小写，即其作用相同；一个标记元素的内容可以写成多行。标记符号，包括尖括号、标记元素、属性项等必须使用半角的西文字符，而不能使用全角字符。表8.1列出了一些常用的标记符号。

表8.1 HTML常用的标记符号

标记符号	说明	类型
<html>和</html>	创建一个HTML文档	基本框架
<head>和</head>	设置文档标题和其他在网页中不显示的信息	基本框架
<body>和</body>	文档的可见部分	基本框架
<title>和</title>	设置文档的标题	基本框架
<h1>和</h1>	一号标题	内容说明
<h2>和</h2>	二号标题	内容说明
<u>和</u>	下画线	内容说明
<b>和</b>	黑体字	内容说明
<i>和</i>	斜体字	内容说明
<delect>和</delect>	加删除线	内容说明
<p>和</p>	创建一个段落	格式标记

续表

标记符号	说明	类型
 	定义新行	格式标记
<img src=""/>	添加图像	格式标记
<a href="">和</a>	超链接	格式标记
<meta />	可用来描述一个HTML网页文档的属性，如作者、时间、关键词、页面刷新等。分为两大部分，HTTP-EQUIV和NAME	格式标记

网页文件本身是一种文本文件，通过在文本文件中添加标记符，告诉浏览器如何显示其中的内容。浏览器按顺序阅读网页文件，然后根据标记符解释和显示其标记的内容，对书写出错的标记将不指出其错误，且不停止其解释和执行过程，网页制作人只能通过显示效果来分析出错原因和出错部位。但需要注意的是，对于不同的浏览器，对同一标记符可能会有不完全相同的解释，因而可能会有不同的显示效果。

HTML文档的制作不是很复杂，功能强大，支持不同数据格式的文件镶入。HTML是网络的通用语言，是一种简单的、通用的全置标记语言。它允许网页制作人建立文本与图片相结合的复杂页面，这些页面可以被网上任何其他人浏览到，无论使用的是什么类型的计算机或浏览器。

标准的HTML文件都具有一个基本的整体结构，即在标记符号<html>和</html>之间包含头部信息与主体内容两大部分。头部信息以<head>和</head>表示开始和结尾。头部信息中包含的标记是页面的标题、序言、说明等内容，它本身不作为内容来显示，但影响网页显示的效果。头部中最常用的标记符是标题标记符，标题标记符用于定义网页的标题，它的内容显示在网页窗口的标题栏中，网页标题可被浏览器用作书签和收藏清单。主体内容是网页中真正要显示的内容，主体内容均包含在标记符号<body>和</body>中。

8.4.3 网页制作

有很多专业的软件可以用来制作HTML网页文件，使用专业的软件能够直观地体现网站的展现效果，开发速度更快，效率更高。但其实用最基本的文本编辑软件就能制作HTML网页文件，如使用Windows下的记事本。本节我们就来制作一个简单的HTML网页文件。

首先新建一个空的记事本文件，取名为HTML TEST.txt，如图8.7所示。

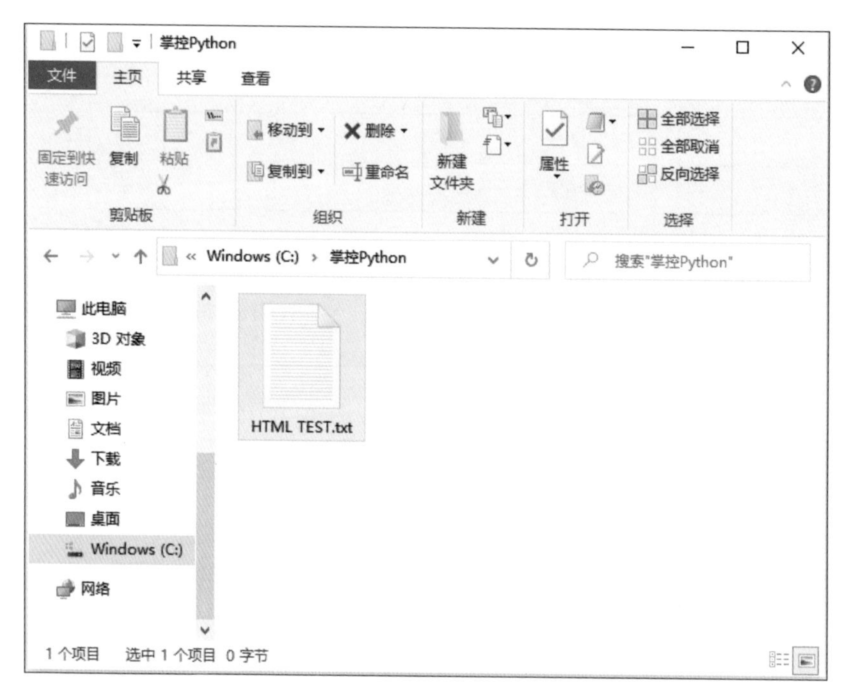

图8.7 新建HTML TEST.txt

打开TXT文件后，首先输入网页的基本结构，内容如下。

```
<html>

<head>
</head>

<body>
</body>

</html>
```

标记符号<html>和</html>说明这是一个HTML文件，之间包含头部信息与主体内容两大部分。头部信息以<head>和</head>表示开始和结尾，主体内容以<body>和</body>表示开始和结尾。接着在头部信息中给网页添加一个标题，标题为OpenHarmony，代码如下。

```
<title>OpenHarmony</title>
```

在主体内容中添加一个一号标题和一个二号标题，代码如下。

```
<h1>HTML TEST</h1>
<h2>Python</h2>
```

最后我们希望能在网页中显示一张图片，因为网页中的资源必须是网络资源，所以这张图片也必须是网络上的图片。我们在开源大师兄的网站上找一张图片并右击，在弹出的快捷菜单中选择“复制图片网址”，如图8.8所示，这样就能得到这张图片在网络上的位置。

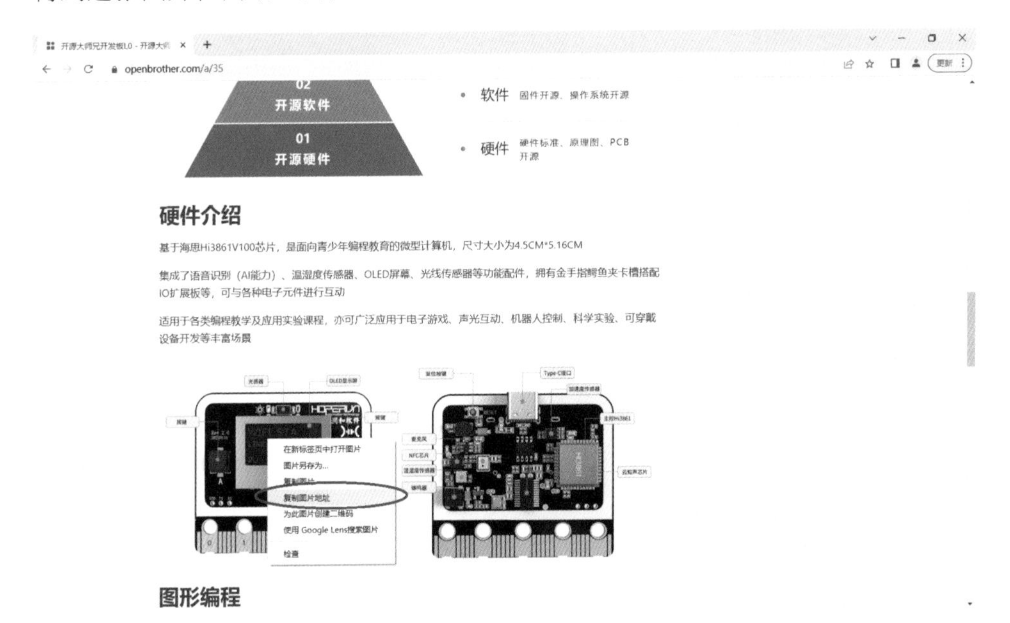

图8.8　获取图片网络位置

这里我们在网络上选择的这张图片，其网络位置为https://www.openbrother.com/data/image/2022/07/10/33161_xvie_5370.png，可以通过标记符号<img src=""/>将图片添加到文件当中，其中src后面的双引号内就是图片的位置，代码如下。

```
<img src="https://www.openbrother.com/data/image/2022/07/10/33161_xvie_5370.png" />
```

最终完成后的代码如下。

```
<html>

<head>
<title>OpenHarmony</title>
</head>

<body>

<h1>HTML TEST</h1>
<h2>Python</h2>

<img src="https://www.openbrother.com/data/image/2022/07/10/33161_
xvie_5370.png" />

</body>
</html>
```

确认内容书写正确后，保存文件并关闭记事本编辑器，将HTML TEST.txt文件更名为HTML TEST.html，更名后文件如图8.9所示。这样一个简单的HTML文件就制作完成了。

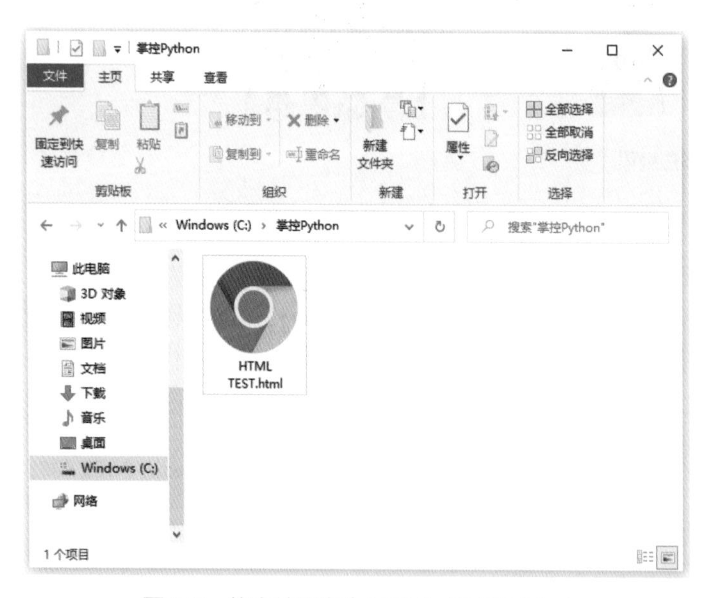

图8.9　将文件更名为HTML TEST.html

说明

这里更改的是文件扩展名，不是将HTML TEST更名为HTML TEST.html，更名前请确保你能看到文件的扩展名，然后将.txt更改为.html。

8.4.4　在服务器上运行网页

在计算机上打开网页文件是通过双击的方式打开的，系统会调用与文件匹配的软件来打开文件，这样我们就能在浏览器中查看到刚才制作的HTML文件。那么是如何打开网络端的网页文件的呢?

为了实现让大师兄板反馈给浏览器一个网页的效果，我们需要把网页的文件作为反馈内容发送给客户端。为此我们需要将之前发送的"hello world"替换为网页文件的内容，如图8.10所示。

图8.10　将之前发送的"hello world"替换为网页文件的内容

这里能看到现在网页文件的内容都显示在了一行。这个改动完成后，将程序刷入到大师兄板中，等待大师兄板正常连接网络之后，打开计算机端的浏览器，还是在地址栏中输入"192.168.31.126"并按下Enter键，此时就会到如图8.11所示的显示内容。

这里要注意头部信息与主体内容两大部分的区别，头部信息中的标题OpenHarmony显示在浏览器的标签页上，而没有出现在网页显示内容当中。

说明

我们通常输入的网址也称为域名，地址栏中的网址实际上也会通过域名解析功能转换为IP地址。网络上的计算机最终是通过IP地址来定位的，给出一个IP

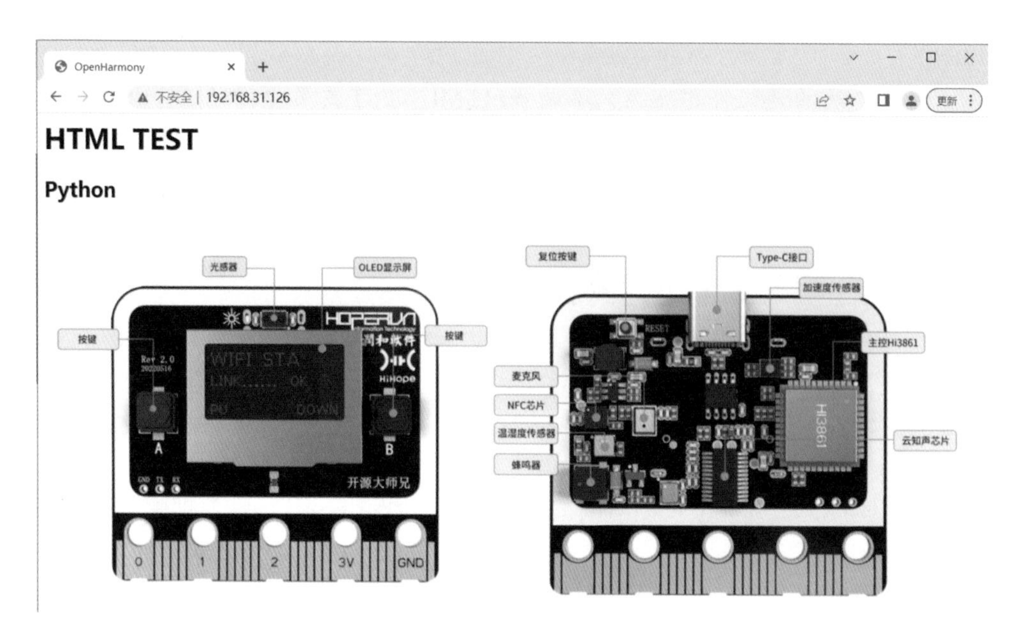

图8.11　大师兄板反馈的网页

地址，就可以找到网络上的某台计算机主机。而因为IP地址难以记忆，所以又发明了域名来代替IP地址。但通过域名并不能直接找到要访问的主机，中间要加一个从域名查找IP地址的过程，这个过程就是域名解析。

8.4.5　网页中显示温度

既然在网页上能显示字符信息，能显示图片，那应该也可以把通过传感器获得的值显示在网页上。这里将之前发送的网页内容进行一点调整，完成后的程序积木块如图8.12所示。

这段程序实际上将之前放在一个程序积木中的网页内容分成了如下四个部分。

第一个部分为标记符号<html>以及头部信息，内容如下。

```
<html>

<head>
<title>OpenHarmony</title>
</head>
```

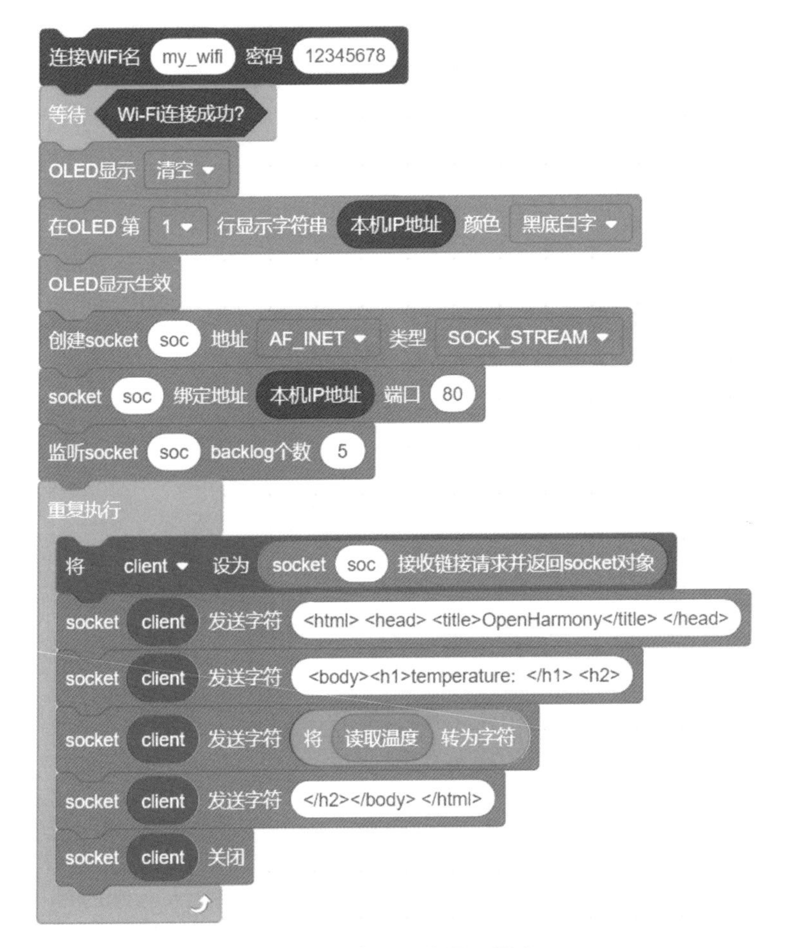

图8.12　在网页中显示温度

第二个部分为标记符号<body>、<h1></h1>部分以及标记符号<h2>，内容如下。

```
<body>

<h1>temperature: </h1>
<h2>
```

第三部分为要显示的传感器的值，这里显示的是温度值。注意要将数值转换为字符。

这段网页内容中去掉了图片的部分。最后第四部分为三个结尾的标记符号，内容如下。

```
</h2>
</body>
</html>
```

这样写网页内容看起来更加直观，也方便添加必要的内容。图8.12对应的文本代码如下。

```
from device import AHT2X
aht2x = AHT2X()
from device import OLED
oled = OLED(0x3c)
import network
client = 0
import socket

network.connectWifi('my_wifi','12345678')
while ( not network.isconnected()) :
  pass
oled.fill_screen(0)
oled.show_str_line(str(network.ifconfig()[0]),1,1)
oled.flush()

soc = socket.socket(socket.AF_INET, socket.SOCK_STREAM)
soc.bind((network.ifconfig()[0], 80))
soc.listen(5)

while True:
  client = soc.accept()[0]
  client.send('<html> <head> <title>OpenHarmony</title> </head>')
  client.send(' <body><h1>temperature:  </h1> <h2>')
  client.send(str(aht2x.temp()))
  client.send('</h2></body> </html>')
  client.close()
```

在device库中包含了获取温湿度传感器数据的AHT2X类，因此代码中导入了AHT2X类，然后生成一个AHT2X类的对象aht2x。

接着在循环中使用aht2x对象的temp()方法获取传感器的温度值，并将这个温度值发送给客户端。另外，aht2x对象还有一个获取传感器湿度值的humi()方法。

理解了程序之后，将调整后的程序刷入到大师兄板中，等待大师兄板正常连接网络之后，打开计算机端的浏览器，在地址栏中输入IP地址并按下Enter键，此时就会看到大师兄板当前的环境温度，效果如图8.13所示。

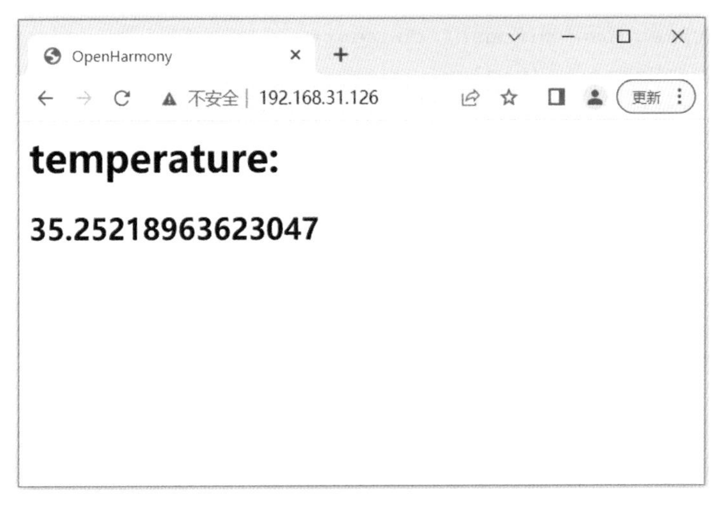

图8.13　显示大师兄板的环境温度

这样当我们刷新网页的时候就能查看到当时大师兄板所处环境的温度了，但是现在这种情况每次都要手动刷新才能查看到最新的温度值不方便，如果希望网页能够自动刷新，定时地更新温度值，这就需要在网页的内容中增加自动更新的部分。

自动更新代码需要使用HTML中的META标记，META标记是HTML中的一个关键标记，它位于头部信息当中，即放在<head>和</head>之间，这些内容不会作为内容显示，用户不可见，但却是文档的基本信息。META标记并不是独立存在的，而是要在后面连接其他的属性。如果想实现自动更新，需要连接http-equiv属性，其属性值为“refresh”。如果希望网页10 s刷新一次，则添加的内容如下。

```
<meta http-equiv="refresh" content="10">
```

其实这种用法还可以实现跳转，只要在后面加上一个想要跳转的网页即可，如想要在10 s之后跳转到百度，则添加的内容如下。

```
<meta http-equiv="refresh" content="10;url=http://www.baidu.com">
```

这里我们只希望实现10 s自动刷新，则添加了META标记后的头部信息内容如下。

```
......
<head>
<meta http-equiv="refresh" content="10">
<title>OpenHarmony</title>
</head>
......
```

将新增的内容添加到程序积木块中，如图8.14所示。

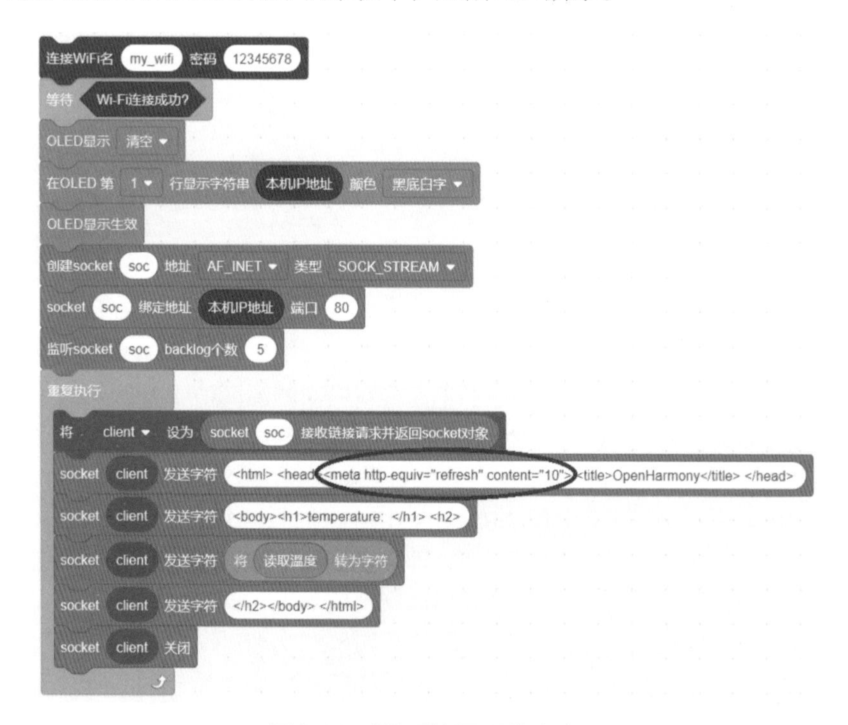

图8.14　增加刷新网页的内容

将新的程序刷入到大师兄板中，现在再打开浏览器查看网页，网页就会10 s刷新一次，不断地更新显示的温度值。如果大家觉得10 s时间太长，想改为5 s，可以修改META标记后content参数的数值，将10改为5即可。

以上就是本书中网络应用部分的内容。由于网络数据操作需要处理大量的文本内容，而这对于图形化编程形式来说相对比较麻烦，因此本书对于网络应用并没有深入展开。